“TERRES D’AVENTURE”
série dirigée par Marc de Gouvenain

TERRES D'AVENTURE – ACTES SUD
Série éditée avec la collaboration
d'Hervé Derain et Daniel Popp
Conception : Marc de Gouvenain et Bertrand Py
Maquette : Christine Le Bœuf
Illustration de couverture : Miles Hyman
Cartographie : Christine Le Bœuf

Les manuscrits sont à adresser à Actes Sud,
Le Méjan, 13200 Arles.
Informations presse : tél. 1. 43 54 70 61.
Informations libraires : tél. 90 49 86 91.

Informations voyages : Agence Terres d'aventure,
16, rue Saint-Victor, 75005 Paris, tél. 1. 43 29 94 50.

PLONGÉES PROFONDES

DU MÊME AUTEUR

LE LIVRE DES MARTYRS, "Vie des Saints", extrait du martyrologe protestant de Jean Crespin, Neuilly, La Cause, 1930.

MÉHARÉES, EXPLORATIONS AU VRAI SAHARA, Paris, Je sers, 1937 ; deuxième édition, 1947 ; réimpression Arles, Actes Sud, 1989.

LIVRE DE PRIÈRES (Tiers-ordre des Veilleurs), *LUMIÈRE FLAMME-PARFUMS*, Genève, Labor, 1937.

L'HIPPOPOTAME ET LE PHILOSOPHE, Paris, Julliard (Sequana), 1943 ; deuxième édition, 1946.

BATHYFOLAGES, PLONGÉES PROFONDES, Paris, Julliard, 1954.

LES DÉSERTS, Paris, Horizons de France, 1973.

NOTES SUR GEORGES GLAS (1725-1765), Fondateur du port Hillsborough (Sahara marocain), Madrid-Las Palmas, 1976.

DE TRIPOLI A TOMBOUCTOU : LE DERNIER VOYAGE DE LAING, 1825-1826, Paris, Geuthner, 1977.

L'ÎLE D'ARGUIN (MAURITANIE), ESSAI HISTORIQUE, Lisbonne, Centro de Estudos de Cartografia Antiga, 1983.

L'ÉMERAUDE DES GARAMANTES, SOUVENIRS D'UN SAHARIEN, Paris, L'Harmattan, 1984.

DÉSERT LIBYQUE (NOTES DE VOYAGE) Et. Sahar. et Ouest-afri., Nouakchott/Paris, 1989.

MÉMOIRES D'UN NATURALISTE VOYAGEUR, AGEP, 1990.

En collaboration :

ANTOINE RISSO 1737-1845, avec J.-C. Hureau et al., Nice, 1978.

SAHARA, DÉSERT MAGIQUE, avec J.-M. Durou, Marseille, AGEP, 1986 (et éd. angl. *Sahara Magic Desert*, 1986).

DÉSERTS, avec J.-M. Durou, Marseille, AGEP, 1988.

Consulter également :

THÉODORE MONOD, par Isabelle Jarry, Paris, Plon, 1990.

Une première édition de ce livre avait paru aux éditions Julliard en 1954 sous le titre *Bathyfolages, plongées profondes*. La présente édition a été revue par l'auteur.

ISBN 2-86869-677-5

Théodore Monod

PLONGÉES PROFONDES

BATHYFOLAGES

ACTES SUD
HUBERT NYSSEN EDITEUR

à Alexandre le Grand
L'Homme-aux-Deux-Cornes
Pionnier de la Plongée
vers 332 av. J.-C.

au grand-père de Telliamed et du Bathyscaphe
Inventeur d'une "lanterne aquatique"
(1748)

à Auguste Piccard
Père du premier Bathyscaphe
(1948)

à mes amis Houot et Willm
Devanciers et Initiateurs
(1954)

à tous les anonymes
Artisans ignorés mais indispensables de la Plongée

PRÉFACE A L'ÉDITION DE 1991

Avec l'apparition des bathyscaphes, l'exploration des grandes profondeurs sous-marines entrait dans une ère nouvelle.

Le présent ouvrage retrace l'histoire des premiers essais consacrés à l'utilisation du bathyscaphe FNRS-2 (Fonds national de la recherche scientifique belge) *imaginé par le professeur Auguste Piccard. Le principe du fonctionnement de cet appareil était, on doit l'avouer, proprement génial : l'engin descendait entraîné par le poids d'une charge de grenaille de fer retenue à un électro-aimant, et qu'on abandonnait sur le fond pour remonter ensuite vers la surface grâce à la poussée ascensionnelle d'un gigantesque réservoir de quarante mille litres d'essence en communication avec l'extérieur, et par conséquent ne nécessitant pas de protection contre la pression de l'eau de mer.*

En 1948, le bathyscaphe, parti d'Anvers, arrivait à Dakar dans les flancs d'un cargo belge, le Scaldis. *On n'avait oublié qu'une chose : le tremper dans l'eau avant de l'envoyer procéder sur la côte d'Afrique à ses premiers essais de plongée.*

Le récit de ces expériences, qui devaient être pittoresques et mouvementées, comme on le verra plus loin, prouvait au moins une chose, et c'était l'essentiel : la solution du problème imaginée par Piccard était, on le savait dès lors, la bonne. Il ne s'agissait plus alors que de perfectionner le mode d'emploi d'un engin qui, peu d'années plus tard, allait atteindre une profondeur de plus de dix mille mètres : on ne peut guère faire davantage.

Depuis cette époque, d'autres procédés d'exploration sous-marine profonde ont été mis au point, en particulier les fameuses soucoupes plongeantes qui descendent aujourd'hui sans difficulté à plusieurs milliers de mètres et possèdent, contrairement au bathyscaphe, une possibilité de déplacement horizontal qui en fait désormais l'outil le plus précieux de la pénétration sous-marine de l'homme aux grandes profondeurs.

Le récit des premiers balbutiements de ces voyages au fond des mers a suggéré à l'éditeur de reproduire ici l'histoire des débuts du bathyscaphe. A-t-il eu raison, ce sera au lecteur d'en juger !

THÉODORE MONOD
Paris, janvier 1991

PRÉFACE

> *C'est à vous, Illustre Cyrano, que j'adresse mon Ouvrage. Puis-je choisir un plus digne Protecteur de toutes les folies qu'il renferme ?... Extravaguer pour extravaguer, on peut extravaguer dans la Mer comme dans le Soleil ou la Lune.*
>
> TELLIAMED (1748)

Mais non, mais non... Croyez-m'en : c'est tout simple. Et banal. Et nécessaire. Et pour un peu : prévisible. En tous les cas, fort explicable : le pendule poursuit sa course inexorable, balançant nos destins au bout d'un fil si ténu qu'on peut l'oublier, mais assez solide pour imposer à de tout petits devenirs individuels le rythme, impérieux et implacable, de ses battements.

Rien d'étonnant par conséquent : j'avais basculé un jour de l'océan dans le désert. Tôt ou tard, l'oscillation compensatrice devait me précipiter des sables dans l'eau salée. Comme ça, sans "préavis", sans "consultation", sans "que penseriez-vous, éventuellement, de... ?", mais parce que l'heure est venue de monter en piste, de prendre la garde, d'aller "au boulot"... La cloche du timonier a piqué le quart : la bordée sur le pont... "C'est bon, on y va." Tout simplement.

Et sans rechigner, en bon joueur, comme l'enfant, surpris au détour de la haie par l'apparition inopinée, brusquement surgie, de l'autorité, ne tente pas de vaine discussion et se laisse ramener, par l'oreille, gibier penaud mais docile et consentant, au Devoir et aux devoirs ; d'abord il n'y a rien à faire, je suis pris, et puis "papa a raison". Le fatum-pendule aussi.

Et c'est pourquoi, quand mon ami Claude Francis-Bœuf m'a transmis, en 1947, de la part du professeur Piccard, l'invitation à participer aux essais du bathyscaphe FNRS-2, *j'ai accepté par retour du courrier, sans chercher à ruser avec les injonctions du destin, sans hésitation. A quoi bon tergiverser ? On le sait assez :* Fata implere. *Aussi, lorsque, à la fin de janvier 1954, débouchant sur Dakar après une longue navigation saharienne, j'y trouvai – comme je le souhaitais – le* FNRS-3 *en train d'achever ses essais techniques, il m'eût été impossible de laisser ignorer aux autorités maritimes le vif intérêt que je persistais personnellement à porter à une éventuelle tentative d'utilisation scientifique de l'appareil.*

*

A première vue, les deux mansions où, tour à tour, à chaque extrémité de sa course, vient se loger le pendule ou, si l'on veut, les deux raquettes entre lesquelles, emplumé et polychrome mais inerte, rebondit le volant, peuvent paraître différentes autant qu'il est possible de l'être : la mer, le désert, beaucoup d'eau, pas d'eau, poissons d'un bord, chameaux de l'autre, coques ici et tentes là, côté Bédouins et pieds nus, côté marins en sabots ou en bottes... Rien de commun, en apparence.

Et cependant, comme les deux déserts, l'aqueux et l'anhydre, comme les deux mers, celle d'eau salée et celle de cailloux ou de sables, en fait, se ressemblent ! Qu'il est à tant d'égards aisé au chamelier de se faire, ou de se découvrir navigateur ; à ce dernier, s'il va louvoyer par les regs ou bourlinguer à travers les dunes, de se constater méhariste : interchangeables charismes unis en leur commune pratique des vues lointaines, de la ligne droite, de la "route", du "cap" et de l'"estime", symbolisés par un compas à l'un comme à l'autre nécessaire, rapprochés aussi par l'identique importance de tel problème technique : l'équipage, l'eau, les vivres, l'arrimage de la cargaison, la situation météorologique, le port à atteindre et le naufrage, autant que possible à éviter.

Ce qui rapproche du marin l'homme du désert et, bien entendu, celui de la banquise, c'est, peut-être, par-delà l'évidente mais secondaire diversité des matériaux, une identité de néant ; ici comme là, en effet, l'on échappe plus ou moins, et parfois tout à fait, à la partie habitable de la terre, à ce rassurant "œcumène" où l'on peut, sans craindre la vague, le blizzard ou le vent de sable, planter, bâtir, se raser en paix, ouvrir sa fenêtre sans risquer un coup de mer, se promener dans les bois, manger à heures fixes, et chaud, en tous temps et sans croquer de la farine de silice, enfin se repaître le soir, bien empantouflé, de quelque absurde mais sensationnel reportage sur l'héroïque aventure des "hardis marins" ou des "intrépides explorateurs"... qui..., etc.

Le désert, comme l'océan, a ses horizons circulaires, les calmes plats de ses plaines lisses et brillantes sur lesquelles l'air chaud tremblote, ses îles, ses falaises, ses côtes et – dieux merci – ses ports, ses vagues blondes ou rougeâtres empanachées, si le vent se lève, d'une poussière d'embruns, ses brumes, ses tempêtes : il n'y manque vraiment que la marée...

Peinez dans quelque montagne saharienne, Adrar ou Tibesti, sur les dalles rocheuses des plateaux, dans les éboulis croulants des pentes, sur les coulées épineuses et tranchantes des laves, par ces invraisemblables "sentiers" où le chameau s'exerce au saut ou à la glissade et ensanglante ses pauvres pieds ; serpentez des jours ou des semaines, prisonnier du réseau des oueds, vallées ou canyons incrustés dans un massif qui sur vous de toutes parts se referme. Continuez, captif des grès ou des basaltes, à trébucher au long des pistes et à vous meurtrir les orteils aux cailloux. Et tout à coup la porte s'ouvre, le roc se déchire, une dernière passe, un dernier col, et vous débouchez soudain, une ultime muraille franchie, sur une immensité claire, semée des miroirs bleuâtres du mirage, sans limites, sans obstacles, et qui vient battre le pied d'une montagne couleur d'anthracite dont le glacis luisant et verni plonge, avec la brutale franchise d'un quai, sous les premiers sables de la plaine.

Dites alors si un pareil panorama, et ce fauve infini où vous mesurez d'un coup d'œil plusieurs jours de marche, peut vous arracher un autre cri que celui des vieux fantassins épuisés de l'Anabase *:* "Thalassa !"

Comme ce n'était donc qu'à demi trahir la mer que de cohabiter tant d'années avec le Sahara, ce dernier ne m'en saurait vouloir d'être, pour un temps au moins car le pendule n'a pas achevé sa course, retourné, avec l'eau salée, à mes premières amours : ni l'océan ni le désert ne sont jaloux et tous deux acceptent d'autant mieux ce semblant de bigamie qu'ils ne sont peut-être, on l'a vu, qu'un seul être sous deux noms différents.

Que le Sahara, d'ailleurs, se rassure : l'escapade sous-marine ne saurait entamer bien sérieusement des droits incontestés et, passé le temps des "bathyfolages", celui du "reg", tôt ou tard, reviendra. Et toujours d'une étape en avance, je viens, avant même de m'embarquer pour l'aventure aquatique, de graisser les cuirs de mon harnachement et de réparer mes sandales...

Mais une chose à la fois et "un temps pour chaque chose", comme dit l'Ecclésiaste. Voici venir le tour de celui des deux océans qui est liquide, et l'occasion d'aller vérifier sur place si William Beebe a dit vrai : "Jusqu'à nouvel ordre, je ne conçois qu'une seule expérience qui puisse dépasser en intérêt un séjour de quelques heures sous l'eau : ce serait un voyage à la planète Mars."

*

En bonne justice, et pour sacrifier aux exigences du genre, je devrais ici m'expliquer avec le lecteur sur le contenu et l'objet de ce volume. Ce n'est, semble-t-il, guère nécessaire, mais une remarque, tout de même, s'impose.

Ce volume, comme d'autres du même auteur, échappe, je m'en aperçois maintenant qu'il est écrit, aux catégories usuelles. Incorrigible, je découvre que j'ai à nouveau cédé aux tentations du panachage et de la polychromie, sans hésiter le moins du monde, à l'occasion, à mêler le plaisant au sévère, et même – mea culpa *– à déboucher hardiment et sans fausse honte, au risque certain de scandaliser les Personnes Graves, en abrégé : les P. G., sur le terrain de l'humour et, par endroits, de la bouffonnerie. Moyen très sûr, évidemment, de me faire mal voir de ceux qui n'ont pas l'habitude d'associer la profession de M. Aronnax, passager à bord du* Nautilus, *à la moindre idée de facétie, mais possibilité peut-être, par contre, de mettre à la portée du public non spécialisé un certain nombre, tout de même, de notions documentaires utiles ou instructives. C'est* d'abord *à ce dernier que ces pages sont destinées. Mes collègues trouveront ailleurs ce qu'ils chercheraient ici en vain.*

I

AUTOUR DU POT

Vous êtes tous les deux ténébreux et discrets :
Homme nul n'a sondé le fond de tes abîmes,
O mer, nul ne connaît tes richesses intimes,
Tant vous êtes jaloux de garder vos secrets !
Homme libre, toujours tu chériras la mer !
La mer est ton miroir ; tu contemples ton âme
Dans le déroulement infini de sa lame,
Et ton esprit n'est pas un gouffre moins amer.

BAUDELAIRE

Fascination, sortilège, "injonction occulte", "faculté hallucinatoire", et le reste... : on a tout dit de cet éternel dialogue où l'Homme et la Mer affrontent leur double mystère. "Sujet" de choix pour l'artiste ou le poète sans doute, mais thème assez vaste, assez profond, assez inépuisable pour noyer d'une seule vague, en une communauté peut-être inattendue mais réelle : la carte postale polychrome, trop bleue et trop rose *et la Naissance de Vénus* de Botticelli – la rédaction du collégien (Commentez cette parole du poète : "quand le vent de la mer souffle dans sa trompe, celle de l'éléphant tressaille aux souffles du large...") *et* la méditation du penseur – l'affreuse boîte ornée de coquillages, du type "Souvenir de Vazyvoir-les-Bains" *et* les chants solennels de l'aventure symétriquement entonnés par Walt Whitman d'un bord et Nietzsche de l'autre – les "flots bleus" de la romance sentimentale et vulgaire où "tendresses" rime avec "caresses" *et* l'hymne du capitaine Nemo : "Oui ! je l'aime ! La mer est tout... Son souffle est pur et sain... La mer n'est que le véhicule d'une surnaturelle et prodigieuse existence ; elle n'est que mouvement et amour ; c'est l'infini vivant..." – le cliché littéraire classico-romantique avec ses couplets d'usage, ses tempêtes, ses naufrages, son azur, ses zéphyrs, ses albatros, ses alcyons, tout son bric-à-brac mythologique *et* les constatations, moins pittoresques et plus austères, du savant.

Mais que la menace de celles-ci n'aille pas effaroucher le laïc : je n'oublierai point que ces pages sont destinées à un public curieux sans doute, et désireux de s'instruire, mais nullement spécialisé. Et je m'efforcerai – on peut toujours essayer, n'est-ce pas ? – de rester lisible.

C'est d'ailleurs, plutôt qu'à un exposé trop systématique, à une causerie à bâtons rompus que je vous invite, à une promenade parfois fantaisiste, voire capricieuse, plutôt qu'à la visite d'un musée ; nous tenterons bien, chemin faisant, de picorer de-ci de-là quelques faits ou quelques notions, mais avec le ferme propos de ne point trop vous ennuyer en route : il y a déjà tant d'occasions d'être sérieux dans la vie...

Nous commençons ? Eh bien, allons-y. Et débutons par quelques remarques sur le rôle des mers dans l'économie planétaire, ou, plus précisément, sur la place qu'elles tiennent, directement ou non, dans l'ensemble de la biosphère, de la couche vivante qui se superpose, sur notre globe, à l'inanimée.

Rappelons d'abord que l'eau salée couvre près des trois quarts de la planète et que celle-ci, tant le fait doit leur paraître unique, surprenant, miraculeux, doit certainement se nommer, chez les Martiens, la Mer et nullement la Terre. Parce que, si, chez nous, c'est la "terre ferme" qui est, somme toute, l'exception, à l'échelle de l'univers il semble bien que ce soit au contraire l'eau, et plus généralement l'état liquide de la matière qui puissent être tenus pour de notables singularités. Ce qui, après tout, à la réflexion, s'explique si l'on songe qu'entre les deux banalités du trop chaud gazeux des incandescences stellaires et du trop froid pétrifié des masses planétaires il n'y a place que pour une bien petite tranche de paysage habitable, avec un arbre, des fleurs, et... de l'eau ! En avons-nous de la chance, ô planétariens, mes frères ! Mais savons-nous assez la savourer, tandis que nous cheminons, inconscients et aveugles, entre rôtissoire et frigidaire ?

Notons d'abord que les mers – et nous parlons pour l'instant des eaux salées en général sans les débiter en tranches ni verticales ni horizontales – sont, zoologiquement, riches. Pas partout autant, bien entendu, ni sur chaque rivage, ni à chaque profondeur, mais globalement le fait demeure exact. Encore que, quant au simple nombre des espèces, le milieu aérien l'emporte, et de beaucoup, grâce à l'appoint de la pullulante armée des Insectes car si l'on admet qu'il existe, *grosso modo*, environ un million d'espèces animales décrites, ceux-ci en constitueraient les trois quarts (environ sept cent cinquante mille). Moins du quart, par conséquent, des espèces connues seraient marines. Mais les totaux d'un catalogue signifient peu de chose : il y a le nombre des individus et là les formes marines prennent souvent leur revanche, il y a le volume, la masse, la nature chimique : beaucoup d'animaux marins sont des fixateurs de calcaire, et, par l'énorme accumulation de matière minérale qu'ils provoquent, de véritables agents géologiques, des créateurs de roches, de couches, de sédiments. A cet égard un banc de coquillages, ou une seule colonie de madrépores valent bien cent millions de coccinelles, soit dit sans vouloir vexer personne.

Et puis, il y a autre chose : l'indubitable richesse animale du milieu marin se manifeste aussi par la proportion élevée de groupes inféodés à l'eau salée. Sur une quarantaine de classes, les trois quarts sont aquatiques et près de la moitié exclusivement marines : l'aérien et le terrestre redeviennent l'exception et la brillante réussite des insectes ne doit pas nous dissimuler la réalité. Elle constitue d'ailleurs une forte présomption en faveur de l'antiquité de la vie aquatique marine, et même de l'origine marine de la vie tout court. Ajoutons l'abondance, dans la mer, de formes larvaires très différentes des adultes et où l'on a voulu voir parfois des types ancestraux généralisés, la découverte dans les océans d'un certain nombre de formes indubitablement archaïques survivant dans ce milieu favorable à la conservation des "fossiles vivants" qu'est l'eau de mer : l'exemple du cœlacanthe est connu de tous. On sait par ailleurs que ce milieu paraît historiquement intérieur, les fossiles les plus anciens connus étant tous marins. D'où l'hypothèse, très généralement acceptée, que la vie serait née dans la mer – Aphrodite n'est-elle pas sortie des eaux ? – et la supposition, nullement absurde, que la salure du milieu antérieur des vertébrés terrestres, celle de notre sang ou de nos larmes, serait simplement, abritée depuis cinq cents millions d'années dans des aquariums portatifs en chair, l'ancestrale pincée empruntée, quand il a fallu la quitter pour "débarquer", à la grande salière cosmique.

On remarquera de plus que, par le jeu cyclique de l'évaporation et des pluies, l'océan tient encore, en fait, sous sa dépendance la vie à la surface des continents et si loin qu'on se puisse trouver du rivage : ce à quoi, sans doute, ne songent guère, ingrats, ni les carpes de Fontainebleau, ni la gazelle du Sahara suçotant l'herbe fraîche née de la dernière averse, ni même, au bord du lac sacré, le moine tibétain remplissant, pour le thé au beurre, son écuelle…

Puisque nous sommes dans l'intimité et pouvons sans la moindre fausse honte faire appel aux notions les plus élémentaires, on me permettra peut-être d'insister encore sur divers caractères, somme toute très particulières, de la partie aquatique et, en fait, marine de la biosphère.

Malgré les apparences, mâts de cocagne, escarpolettes, ascenseurs, Empire buildings ou tours Eiffel, nous vivons, en toute humilité, dans deux dimensions, aussi plats que cochenilles sur feuille ; êtres rampants et adhésifs, nous collons littéralement au sol et nos escalades montagnardes ne nous auront point arrachés au substratum : il y avait une petite bosse sur la feuille et voilà tout. L'oiseau et l'avion, eux, sans doute décollent un peu, mais pas pour longtemps. Sitôt la surface terrestre quittée, d'ailleurs, la faune se raréfie et, très vite, disparaît : un peu de "plancton" aérien, quelques insectes, quelques légères semences, des grains de pollen et des spores, puis plus rien. Aussi les explorateurs des grandes altitudes n'ont-ils point coutume d'emmener avec eux de biologiste :

Qu'irait-il faire,
O stratosphère,
Ce pauvre hère
Dans ta galère... ?

Il s'y faut résoudre : dans l'air, la couche habitable, et habitée, est sans épaisseur, mettons, en gros, quelques mètres ; disons, par exemple, et c'est faire très bonne mesure : vingt[1]. Et tentons la comparaison avec le volume des mers, estimé à environ un milliard quatre cents millions de kilomètres cubes : le volume de la lame d'air accueillante aux respirations trachéennes ou pulmonaires ne serait que de... trois millions de kilomètres cubes, donc quatre cent cinquante fois moindre. L'évaluation récemment publiée par Cailleux pour les masses (en mille milliards de tonnes) de la biosphère aérienne (cinquante) et des océans (un million quatre cent vingt mille) aboutit à une disproportion encore beaucoup plus forte, l'auteur

1. Mon ami Cailleux (1953) dit, plus modestement : 0 m 10.

pouvant conclure : "Ainsi la biosphère [aérienne] est-elle quantité négligeable par rapport aux autres enveloppes du globe terrestre."

Ce qui donne à réfléchir à celui qui songe que ce volume infiniment respectable d'eau salée est truffé de bestioles et de bestiasses, de la surface à des profondeurs d'un nombre honorable de kilomètres. En d'autres termes, la biosphère, réduite sur terre à une mince pellicule, à un fragile vernis que peuvent effacer un peu de cendre volcanique, une inondation ou un bombardement, s'épaissit soudain quelque deux cents, quelque quatre cents fois, comme le tapis des "grands" mariages passe tout à coup des quelques mètres qu'il atteignait péniblement sur le trottoir, et sitôt le portail franchi, à l'abyssale ampleur de la nef.

De plus, cet océan, il est, de bout en bout, d'un seul tenant. On est ou non dans la mer, mais une fois qu'on s'y trouve tout communique. Et la crevette grise qui vous chatouille les orteils dans une flaque sableuse à marée basse pourrait bien un jour, que l'envie l'en prenne – et sait-on jamais avec ces gens-là ? –, sans quitter l'eau maternelle sortir de la Manche, gagner les abîmes et, godillant quelques menus siècles dans l'obscurité sur les boues rosées des grands fonds, se retrouver un beau matin par dix mille huit cent trente mètres (la distance de la porte d'Auteuil à Saint-Germain, mais verticalement), dans la fosse de Mindanao, Philippines. Et peut-être même en ayant rencontré des copains tout le long de la route et ne s'étant "jamais ennuyée une minute"...

Le sol, lui, n'a pu être que très superficiellement pénétré par la vie : oui, je sais, il y a des bêtes dans la terre, des taupes, des lombrics, une foule d'insectes "endogés", il y a les cavernicoles des grottes, des tritons décolorés, des poissons aveugles, des crustacés singuliers, tout un petit parlement grouillant dans les ténèbres troglodytiques, et qu'on ne verra pas en se promenant sur les routes nationales. Mais c'est l'exception, ces dissidents, ces fantaisistes sont peu nombreux et, pour curieux soient-ils aux yeux du zoologiste, demeurent sans influence sur l'opinion publique continentale. Celle-ci se crée en surface, au soleil, là où il y a du monde, et du monde comme il faut.

Sur mer, nous ne sommes tolérés que sous les espèces de parasites externes. L'océan ne nous prête que son épiderme ou, ce qui ne nous avance pas sensiblement davantage, ne fait entrer "à l'intérieur" les vertébrés à respiration pulmonaire qu'à l'état de défunts, lestés ou non.

C'est irritant, mais c'est comme cela : on sait bien que la maison est vaste, et peuplée de la cave au grenier, et pleine de belles choses, mais nous voici tout juste admis à nous promener sur le toit. Sur un toit, de plus, modestement hospitalier, et, par ailleurs, fort opaque et qui ne nous laisse pas deviner grand-chose sur l'intérieur de la maison et ses habitants : j'entends bien qu'avec un peu de patience et quelques outils on parvient quand même, par les cheminées ou les tabatières, à capturer quelques objets, pour la plupart énigmatiques, d'ailleurs, et sur la nature desquels la commission spéciale nommée par l'Académie des sciences hésite le plus souvent à se prononcer.

Des naturalistes ont pu recueillir vivant, dans une gouttière, un animal singulier, grisâtre, à moustaches et dont un savant professeur au Muséum, M. de Noffub, le rapportant, avec doute, au genre *Felis*, a cru devoir faire le type d'une espèce nouvelle, le *Felis chadegutierae*.

Le peu qu'on entrevoit ne concerne encore que le grenier : que peut-il bien se passer aux étages inférieurs, et à la cave ? Par ailleurs on se perd en conjectures sur la nature des bruits singuliers que nos microphones ont pu enregistrer par l'intermédiaire des tubes fumigènes qui hérissent la toiture et dont aucun de nos linguistes n'est encore parvenu à déterminer la signification, ces sons ne paraissant appartenir à aucun idiome actuellement connu ; c'est ainsi que l'on a capté les phrases (?) suivantes, citées ici à titre d'exemple et offertes à la sagacité de nos lecteurs : USÈTIK TABIEN PU MAIT MON KALSONDUDIMANCH – TOTOVEU TURTIRÉTÈD WADTON-NÉ – MÈNONMACH ÉRIJNÉVRÈMANBUKED LODVICHI – PAPAYA MIMILKIM PINSLÈFÈS – etc.

Tout ceci n'est pas sérieux, j'en conviens, et va, une fois de plus, me valoir la réprobation des Gens Graves. Tant pis. L'essentiel était de rendre palpable cette efficacité diabolique de la surface marine en tant que cloison étanche – si l'on ose s'exprimer ainsi – séparant le monde des poumons de celui de la branchie.

L'Odyssée, déjà, le constate : "Et qui est-ce qui pourrait se tenir longtemps couché auprès d'un monstre marin ?" Aussi cette incapacité de l'homme à pénétrer aux humides royaumes s'est-elle faite à ce point proverbiale que l'impossible c'est pour nous, par définition, la plongée profonde.

L'inaccessible par excellence, donc le mystère, au seuil duquel se dresse, impérieux, sans réplique, un péremptoire écriteau :

FOND DE LA MER

–

SENS INTERDIT

–

OFF LIMITS

C'est un axiome, c'est définitif : on ne passe pas. Il faut s'y résigner, avec G. C. Wallich, parlant, en 1862, de ces mers profondes "à jamais interdites au regard de l'homme, mais que peut cependant pénétrer l'intelligence humaine". On se consolera donc de son mieux en explorant par la pensée les abîmes, procédé pittoresque, agréable même, sans périls, ce qui n'est pas à dédaigner, mais tout de même un tantinet théorique : y réfléchir est bien, y aller voir serait, n'est-ce pas, beaucoup mieux.

Il ne reste qu'à y parvenir, ce qui est plus vite dit que fait, à en juger par le nombre de siècles qu'aura nécessités la construction, plus encore peut-être que l'invention, des outils de la plongée, scaphandres, sous-marins, bathyscaphes, etc.

L'histoire de cette patiente conquête par l'homme du milieu aquatique a été plusieurs fois retracée : les lecteurs français consulteront avec fruit, à ce sujet, les chapitres "Historique de la plongée" dans l'ouvrage de William Beebe, *En plongée par neuf cents mètres de fond*[1] ; l'excellent récit, à la fois vivant et documenté, d'Emile Condroyer, *Les Pionniers de la plongée*[2], qui, parti de la "cage de verre" d'Alexandre le Grand, aboutit au bathyscaphe Piccard-Cosyns *FNRS-2* ; le chapitre "La Conquête des profondeurs" dans *l'Aventure sous-marine*[3] d'un auteur érudit, intelligent et sensible, Philippe Diolé ; enfin l'indispensable et solide traité de G. Doukan, *Les Découvertes sous-marines modernes*[4].

Histoires de la plongée ?... Non, histoires des tout premiers ébats d'un pulmoné au bord de l'eau, car, il faut le savoir, nous ne sommes encore qu'au début de l'affaire. Et demeurons, quelle que soit la stupéfiante perfection de nos modernes engins, prisonniers d'un procédé, le recours à un air appartenant à l'atmosphère supra-aquatique, qu'Henri Prat n'hésite pas à tenir pour "le plus médiocre et le plus imparfait de tous ceux que nous présente la nature vivante".

Nous reviendrons sur ce point, qui est capital. Dans l'histoire des appareils de plongée, ce qui frappe c'est le décalage qui toujours sépare l'idée de sa réalisation pratique : le souhaitable est vite trouvé, le possible suit de loin, de très loin bien souvent et il faut alors attendre des siècles que les progrès de la technique permettent à la découverte de s'incarner.

1. Paris, Payot, 1935.
2. Paris, J. Peyronnet, 1948.
3. Paris, Albin Michel, 1951.
4. Paris, Payot, 1954.

C'est ainsi que si la cloche à plongeurs est dans Aristote (IVe siècle av. J.-C.), le scaphandre dans Végèce (IVe siècle), le sous-marin dans William Bourne (XVIe siècle) et le bathyscaphe dans *Telliamed* (XVIIIe siècle), on aura vu s'écouler respectivement vingt, quinze, trois et deux siècles avant que ne puissent être transcrites dans la réalité ces ingénieuses anticipations.

L'un des plus fameux précurseurs de l'exploration sous-marine demeure Alexandre le Grand : "O mon Seigneur et Dieu, soupirait le monarque, il me tarde de savoir où est la Mer-qui-entoure-le-Monde et quelles merveilles elle renferme !"

Le Seigneur lui envoie l'Ange-qui-était-chargé-des-Mers, auquel il prescrit : "Ecoute et exécute tous les commandements que Celui-aux-Deux-Cornes te donnera. Préserve-le de tout mal, écarte de lui tout danger et tout ce qui pourrait le terrifier dans les profondeurs de la mer." Et le pseudo-Callisthène poursuit : "Alors Celui-aux-Deux-Cornes lui demanda : «Qui es-tu ?» L'Ange répondit : «Je suis Celui-qui-a-la-garde-de-la-Mer-et-des-Bêtes-qu'elle-renferme, depuis le Commencement jusqu'à la Fin.»"

L'un des récits qui nous ont été conservés de la plongée légendaire, celui d'Al Mas'oudi, est savoureux et mérite d'être connu :

"Cependant la construction d'Alexandrie était commencée et les fondements en étaient posés, lorsque, à la faveur de la nuit, des animaux sortirent du fond de la mer et détruisirent tout ce qui avait été fait. Le lendemain Alexandre tira de cet événement les plus fâcheux pronostics. «Voilà, s'écria-t-il, le commencement de sa décadence, et déjà se vérifient les décrets de Dieu sur sa ruine prochaine !»

"A mesure que la construction avançait, et malgré la présence des gardiens chargés de repousser les animaux lorsqu'ils sortaient de l'eau, tous les matins l'ouvrage de la veille se trouvait détruit. Alexandre fut saisi d'inquiétude à ce spectacle ; il médita sur ce qu'il y avait à faire et chercha le moyen d'éloigner de la ville une pareille calamité. Une nuit, pendant qu'il réfléchissait, dans la solitude, sur tous ces événements, un stratagème se présenta à son esprit. Le lendemain matin il appela les ouvriers et se fit construire un coffre en bois long de dix coudées, sur cinq coudées de large. Tout autour de ce coffre, et à l'intérieur, on posa des plaques de verre et l'on appliqua sur le bois des couches de poix, de résine et d'autres enduits de nature à empêcher l'eau de pénétrer à l'intérieur ; on réserva aussi une place pour y attacher des cordes. Alexandre y entra alors avec deux de ses secrétaires, dessinateurs habiles, et ordonna qu'on fermât l'ouverture du coffre et qu'on la bouchât avec les mêmes enduits. Deux grands vaisseaux gagnèrent le large. Des poids en fer et en plomb et de lourdes pierres avaient été attachés à la partie inférieure du coffre pour l'entraîner au fond de l'eau, parce que, étant rempli d'air, il aurait flotté à la surface sans pouvoir gagner le fond. Puis on l'attacha avec des câbles entre les deux bâtiments que des planches mises en travers empêchaient de se séparer l'un de l'autre, on laissa filer les câbles, et le coffre descendit jusqu'au fond de la mer. Grâce à la transparence du verre et à la limpidité de l'eau, Alexandre et ses deux compagnons virent des animaux marins et des espèces de démons ayant une forme humaine et la tête semblable à celle des bêtes féroces. Les uns tenaient des haches, les autres des scies ou des marteaux, et ils ressemblaient aux ouvriers avec ces outils analogues aux leurs. Alexandre et ses compagnons tracèrent sur le papier et dessinèrent exactement tous ces monstres, en reproduisant leur aspect hideux, leur stature et leurs formes variées. Puis ils agitèrent les cordes, et, à ce signal, le coffre fut hissé par l'équipage des deux bâtiments. Alexandre en sortit et retourna à Alexandrie. Là, il ordonna aux ouvriers qui travaillaient le fer, le cuivre et la pierre, de reproduire ces animaux d'après les dessins qu'il avait apportés. Ces figures étant terminées, il les fit placer sur des blocs le long du rivage ; puis on reprit la construction de la ville. La nuit venue, lorsque les monstres marins sortirent de l'eau et se trouvèrent en face de leur propre image placée sur le bord de la mer, ils regagnèrent aussitôt le large et ne se montrèrent plus."

Fait surprenant, l'histoire de la plongée ne paraît pas avoir gardé le souvenir d'une certaine "lanterne aquatique d'une invention singulière" dont la description est publiée en 1748 par Benoît de Maillet dans son *Telliamed ou Entretiens d'un philosophe indien avec un missionnaire français.* Or cet appareil, et c'est la raison pour laquelle il mérite pleinement d'être cité dans le palmarès de la pénétration sous-marine, et même d'y prendre une place d'honneur, constitue, de toute évidence, un bathyscaphe, et l'ancêtre-précurseur de tous ceux qui suivront.

Voici, en effet, en quoi consiste l'appareil :

1. une *cabine*, sorte de tonneau "d'un bois très-léger, mais très-fort, & assez épais" avec quatre hublots d'observation et quatre "rafraîchisseurs d'air", vraies branchies artificielles en cuir, laissant transpirer à l'intérieur "l'air toujours mêlé à l'eau" ;

2. un *flotteur*, en liège, venant renforcer la force ascensionnelle de la cabine remplie d'air ;

3. un *dispositif de lestage-délestage*, composé d'un boulet de pierre suspendu à une corde elle-même fixée à un "fer barbu" engagé dans le plancher de la cabine et pouvant être largué, de l'intérieur de celle-ci, par un ingénieux système de déclenchement.

"Lorsque le plongeur, nous explique Telliamed, vouloit revenir du fond de la mer au-dessus, il n'avoit qu'à presser du pied le morceau de bois contenu dans la bourse de cuir. Aussitôt les barbes de ce fer, qui le tenoient arrêté dans l'ouverture de la plaque, réunies à leur tronc, laissoient à la lanterne dégagée de son poids, & devenue beaucoup plus legere que le volume d'eau qu'elle occupoit, la liberté de remonter vers la surface de la mer."

Enfin, détail capital, et qui oblige à placer la "lanterne" de Telliamed dans la généalogie directe du bathyscaphe, l'appareil est libre : la "lanterne" est suspendue "à une vergue, à la poupe du vaisseau, ou au haut du mât de la chalouppe", le boulet de pierre lui est attaché, le plongeur y pénètre, puis "on la descendoit dans l'eau jusqu'au liege. Là on la soutenoit pendant quelque tems, pour donner au plongeur celui de se préparer, & de reconnoître si la lanterne ne faisoit point eau. Dèsqu'il avoit fait signe que tout étoit en ordre, on le laissoit couler bas, soit en coupant la corde, ou en la laissant filer par l'anneau."

La lanterne de bois léger est aujourd'hui en acier, le liège s'est métamorphosé en essence, et la corde du lest en électro-aimant. Mais le principe du bathyscaphe était trouvé.

1748-1948 : qui se doute que la naissance du bathyscaphe nouvelle formule célèbre en même temps le bicentenaire d'un humble prototype en bois, lesté d'un boulet de pierre ?

Ajoutons qu'ancêtre et descendant étaient animés d'un même souci d'utilisation scientifique puisque la "lanterne" de Telliamed devait servir à l'observation des animaux marins, à l'étude des sédiments, à l'établissement des cartes lithologiques et à la détermination du sens et de la force des courants au moyen d'une boussole et d'un "petit ruban rouge ou verd d'une aulne ou deux de longueur, attaché au haut de la lanterne, que les courants faisoient mouvoir plus fort ou plus foiblement suivant qu'ils étoient plus forts ou plus foibles".

II

LES VOISINS D'EN DESSOUS

Là sont des créatures étranges et merveilleuses, des animaux de toutes sortes et la race des monstres marins.

Ecclésiastique XLIII ; 25

Doit-on s'étonner que nos connaissances sur ce qui se passe sous la mer soient encore si désespérément, si cruellement, si scandaleusement modestes ? Après tout, si l'on y réfléchit, c'est fort explicable, malgré la grande activité déployée depuis trois quarts de siècle par la recherche océanographique et en particulier l'exploration méthodique des eaux abyssales.

Nous avons dit plus haut comment nous nous trouvions assez exactement dans la situation d'un monsieur contraint d'habiter sur le toit, incapable d'en descendre, et qui chercherait de là-haut à deviner le contenu de l'immeuble.

Nos coups de drague, de chalut, de filet vertical demeurent, par rapport à l'immensité des surfaces, ridiculement sporadiques, accidentels et punctiformes. Imaginez ce que l'on pourrait savoir de la faune de France pour ne l'avoir explorée : 1. que d'un ballon ; 2. à travers une couche permanente et épaisse de nuages ; 3. au moyen d'un grappin et d'un panier à salade balancés à l'aveuglette au bout d'une ficelle. Qu'aurait-on pêché, et encore avec de la chance, au bout de cinquante ans, ou d'un siècle même ?

Pas grand-chose, je le crains : un coq de clocher, quelques branches d'arbres, une ou deux pommes de pin, une coiffe bretonne, un bébé alsacien, un soutien-gorge, quelques coquilles d'huîtres, un couvercle de seau de toilette et des ressorts de sommier, un buisson d'aubépine (avec un nid de pinson, d'ailleurs), un rat mort, des bouts de fil télégraphique, un sergent de ville, et passablement de papier sali... : à peine, on le voit, un très incomplet échantillonnage, une fort modeste anthologie. Et à laquelle, faute de verre à liqueur, de billet de banque, de mitraillette et de bulletin de vote, vont manquer des éléments pourtant essentiels de notre civilisation.

Nous en sommes là pour la faune abyssale. Et autant l'aéronaute aura besoin d'atterrir s'il veut enfin y comprendre quelque chose, autant il va nous falloir aller observer et, si possible, capturer chez eux, à domicile, les animaux des grands fonds.

On se demande pourquoi nos engins, lancés à la poursuite des organismes abyssaux, rapportent en somme si peu de chose. Mais d'abord il est fort possible qu'il y ait peu de monde et que le paysage soit un tantinet désertique. Et puis, ces dragues ou ces chaluts, ils avancent très lentement : je serais crabe ou poisson que, voyant approcher la gueule ouverte de l'appareil, plutôt que de me faire prendre, j'esquisserais tout simplement un petit saut de côté, oh, pas grand-chose, juste de quoi laisser passer la singulière machine... "La dernière fois qu'ils nous avaient envoyé ça, on avait même délégué deux agents pour marcher devant et avertir les gens d'avoir à laisser la voie libre et l'engin est remonté presque vide, avec un peu de vase et un idiot d'oursin qui ne s'était pas garé assez vite : il était pourtant prévenu, l'imbécile !"

*

La mer est profonde, la mer est surtout profonde, quoi qu'en pensent les baigneurs de nos plages ignorant que les océans, pour plus des trois quarts de leur étendue (environ quatre-vingts pour cent), atteignent des profondeurs échelonnées entre trois mille et six mille mètres, la moyenne générale des mers s'établissant vers trois mille huit cents mètres (alors que l'altitude moyenne des terres émergées ne serait que de huit cent quarante mètres).

Il est donc bien évident qu'un milieu aussi épais doit présenter, au point de vue biologique, toute une série de tranches superposées : la maison Téthys et Cie est à étages, de la gouttière, dont l'écume vient, à marée haute, me lécher les pieds, jusqu'à la dernière cave (il y en a plusieurs), à près de onze kilomètres du "toit tranquille" picoré de focs et de mouettes.

Dans ce "building", chaque étage a ses habitants, souvent très casaniers, et des plus discrets. Mais il y a les éclectiques, les touristes, les dévergondés, qui, sans accepter de demeurer inféodés sagement, à tel ou tel niveau, poussent à leur gré des pointes, vers le haut comme vers le bas, à la recherche de quelque mets délicat, d'une aventure sentimentale, d'un édifice rare, ou d'un paysage inédit : comme je les comprends…

Faut-il ajouter, par acquit de conscience, que s'il y a dans la mer, comme chez nous, un second, un troisième, un quatrième, etc., aucun plafond concret ne sépare ces appartements, somme toute médiocrement intimes, ouverts qu'ils sont sinon à tous les vents, du moins à tous les courants, et que les limites que leur assignent les biologistes, amis comme vous et moi – mais contrairement à la Nature – de la simplicité, de la clarté et du schéma, n'ont de consistance et de précision que dans l'esprit et dans les livres des hommes ?

En gros, en très gros, en trop gros pour être vrai, on peut d'abord mettre d'un côté les *bêtes du fond* (ça porte un nom dans les traités, dont je vous ferai grâce), liées sous une forme ou sous une autre (support, nourriture, etc.) à un substratum plus ou moins solide, et d'un autre les *bêtes de pleine eau* (affublées, elles aussi, les pauvres, d'un nom savant), actives, nageantes ou passivement soumises au jeu des courants, et constituant alors ce que les biologistes appellent le "plancton".

Inutile de dire, bien sûr, qu'il y a entre ces deux catégories principales tous les intermédiaires possibles : beaucoup d'organismes d'ailleurs peuvent dans le cours de leur développement individuel appartenir successivement aux deux types, comme l'huître, l'oursin et le madrépore, animaux de fond à l'état *adulte* mais dont la *larve* est nageuse.

Les organismes flottants et nageants de surface – mais ceci concerne seulement la répartition des locaux d'un même palier – peuvent être de vocation plutôt *littorale*, côtière, ou plutôt *océanique*, hauturière avec, une fois de plus, les inévitables dilettantes, incapables de rester sur place et toujours prêts à aller promener leur indiscrétion chez les voisins.

Au grand large, quand la maison a quatre mille, cinq mille ou six mille mètres de haut, les étages se multiplient, de la surface ensoleillée et grouillante aux fonds de ténébreux abîmes qui paraissent relativement désertiques.

Le nombre des espèces semble décroître avec la profondeur car si on le calcule pour les pêches du *Challenger*, on trouve :

180 m	62,8	espèces	par	station
180-900 m	51,2	"	"	"
900-1 800 m	30,9	"	"	"
1 800-2 700 m	24,0	"	"	"
2 700-3 600 m	15,6	"	"	"
3 600-4 500 m	10,6	"	"	"
4 500 m	9,4	"	"	"

Les grands fonds éloignés des côtes, et par conséquent des apports alimentaires d'origine littorale, seraient les moins peuplés.

Somme toute, au Neptune-Palace, ce sont les étages supérieurs qui sont les plus habités, alors que le rez-de-chaussée est désert. Pourquoi ? Mais parce qu'ils constituent la seule partie vraiment productive de la mer, la gigantesque usine où lumière du soleil et chlorophylle des végétaux microscopiques s'associent pour créer, à partir des sels minéraux et de l'acide carbonique de l'eau, la masse de matière organique qui constituera le point de départ du cycle biologique général des mers.

A partir de cette base végétale la chaîne se déroule : plancton végétal → plancton animal → petits poissons → gros poissons → etc. Mais les animaux meurent, leur substance retourne au commun réservoir d'où le plancton végétal va, à nouveau, l'extraire pour en rebâtir de la matière vivante... et le cycle recommence, éternel comme le soleil et la vague.

De plus, c'est des couches superficielles éclairées que descend sur les profondeurs obscures une lente mais permanente averse de matière alimentaire, pluie bienfaisante et nourricière sans laquelle les abîmes, peut-être, seraient encore moins habités qu'ils ne le sont.

La plante ne pouvant vivre que dans la zone éclairée de la mer (quelques centaines de mètres au plus), passé un certain niveau il n'y a plus de végétariens mais seulement des prédateurs, carnivores et, sur le fond, des mangeurs de détritus organiques, de boues et de vases.

La quantité des algues unicellulaires en surface peut atteindre des chiffres très élevés : dans certaines eaux, à certaines saisons, c'est une véritable purée végétale, une soupe très nutritive que ramassent nos filets à plancton et que broute activement une armée d'animaux microscopiques ou de très faible taille.

C'est bien entendu l'existence même du plancton et, plus généralement, d'un milieu ambiant liquide véhiculant sels minéraux et particules alimentaires qui permet, dans l'eau, la vie sessile, fixée. Imaginez un animal terrestre décidant de vivre immobile et de se nourrir de ce qui passerait à sa portée ! Siméon le Stylite lui-même devait avoir son boulanger, mais dans la mer, huîtres, bénitiers, madrépores, anatifes, etc. peuvent, sans se déranger, attendre sans crainte : dans leur pays on livre à domicile. C'est évidemment très commode.

Sans être d'ailleurs le seul avantage de la vie aquatique, qui en compte beaucoup d'autres, physiques, chimiques, physiologiques, etc., au point qu'on en finit par se demander ce qui a bien pu pousser l'animal aquatique à quitter un beau jour son aquarium pour s'aventurer sur la terre ferme : nécessité, curiosité, hasard, caprice ? Allah seul est "le Sachant".

L'opinion scientifique courante et par conséquent les manuels veulent que la surface seule de la mer, la partie éclairée, et donc végétale, "agricole", l'unique tranche d'eau où se succèdent prairies et moissons soit véritablement productive et capable, à partir des sels nutritifs dissous, de créer les bases de la chaîne alimentaire océanique.

A la suite des recherches du *Meteor* dans l'Atlantique, Hentschel, en 1936, a attiré l'attention sur l'existence jusque vers cinq mille mètres d'algues unicellulaires, vert olive, de un à quinze millièmes de millimètre de diamètre ; ces organismes seraient, contrairement aux végétaux de surface, hétérotrophe, c'est-à-dire incapables de s'alimenter en carbone par photosynthèse – comme un pissenlit ou un nénuphar – mais en état, par contre, d'utiliser les matières organiques dissoutes. Le fait serait d'une importance capitale pour la biologie des zones profondes puisqu'il impliquerait l'existence d'un second point de départ, mais cette fois-ci au-dessous de la zone éclairée, d'une seconde chaîne alimentaire, autonome, avec de nouveau son phytoplancton, ses filtreurs de plancton, et la suite du cycle.

La vie des animaux abyssaux pose bien des problèmes, que l'on ose à peine évoquer, de peur de "cristalliser" imprudemment pour le lecteur des notions auxquelles l'avenir seul apportera la précision désirable.

On se bornera donc à quelques remarques générales, et très simples.

Imaginons-nous par trois mille, quatre mille ou cinq mille mètres de fond, et, membres du BCA[1], en train de déballer, assis par terre, notre panier à provisions… Non, faisons mieux, métamorphosons-nous en poissons, qui en *Eurypharynx*, qui en *Serriromer*, qui en *Nemichthys*, etc.

Nous y sommes ? Bien. Maintenant, regardons autour de nous. Pour nous efforcer de décrire et de caractériser le milieu abyssal.

1. *Il fait noir*. – Ça, c'est évident : la lumière du soleil pénètre dans la mer jusqu'à quelques centaines de mètres, et encore faudrait-il distinguer, naturellement, entre les diverses radiations qui la composent, celles-ci disparaissant dans un ordre déterminé (celui du spectre, du rouge vers le violet). Passé cinq cents, huit cents mètres au plus, souvent dès une profondeur bien moindre, c'est la nuit totale, éternelle, trouée ou pointillée seulement de luminescences animales.

2. *Il fait froid*. – Au-dessous de deux mille mètres les températures sont basses : de zéro à trois degrés, et peuvent descendre légèrement au-dessous de zéro. A mille quatre cents mètres, le bathyscaphe en plongée devant Dakar se trouvait dans l'eau à deux degrés.

3. *Il fait "profond"*. – Evidemment. Mais je n'ai pas trouvé d'adjectif adéquat pour rappeler l'existence, ici, de pressions énormes, calculables à raison d'un kilogramme par dix mètres (et par

1. Bathy-Club Atlantique.

centimètre carré). A cette cadence, les chiffres deviennent rapidement énormes. Et chacun se demande comment un poisson, une étoile de mer ou un crabe peuvent supporter, sans en être écrasés, des pressions semblables. Mais tout simplement parce que les animaux ne sont pas des systèmes clos, hermétiques, séparés du milieu ambiant par une paroi étanche. Descendez dans les grands fonds une boîte métallique soudée, ou une boule de verre creuse : boîte et boule seront écrasées. Mais pour le poisson, milieux interne et externe communiquent et sont par conséquent en équilibre. Nous rendons-nous compte nous-mêmes des pressions qu'exercent sur notre corps les kilomètres d'atmosphère "au fond" de laquelle nous vivons ?

En fait, et on le sait depuis peu, il y a des organismes jusqu'aux profondeurs les plus fortes (à plus de dix kilomètres dans la fosse de Mindanao).

Enfin, de même que l'homme ne peut sans protection être soumis à une diminution de pression (hautes altitudes, stratosphère) ni à une augmentation de pression (plongées), de même les animaux abyssaux ne supportent pas sans dommages une remontée trop rapide. Certains, parfois, arrivent en surface vivants : c'est le cas, par exemple, d'un *Echiostoma* des Bermudes que l'on a pu garder un certain temps en vie, dans de l'eau glacée et qui venait de cinq cents brasses.

4. *Il fait "faim"*. – Il semble certain que la faune s'appauvrit dans les grands fonds ; aussi a-t-on pensé que les sédiments abyssaux, éloignés à la fois des côtes et de la surface, régions productrices de matière vivante, seraient relativement pauvres en matière organique. Ce ravitaillement difficile serait-il l'un au moins des facteurs qui limitent ici le développement de la vie ?

On l'a cru généralement jusqu'ici, et sans doute non sans bonnes raisons. Mais je dois avouer que lorsque l'on a de ses propres yeux constaté la stupéfiante densité du peuplement planctonique jusqu'au fond, on est frappé sans doute du caractère relativement désertique de ce dernier mais l'on n'est pas tenté de l'attribuer à une pénurie de matières alimentaires. Celle-ci est-elle réellement, pour les animaux benthiques, un facteur limitant ? Il serait imprudent de l'affirmer.

La presse et les livres de vulgarisation ont largement popularisé l'image, pour nous souvent étrange, des animaux abyssaux, poissons aux gueules énormes, crevettes aux pattes démesurées, organismes volontiers noirs ou rouges, souvent lumineux. Il en est d'aveugles, alors que d'autres ont au contraire des yeux énormes, "télescopiques" : nouveau problème demeuré jusqu'ici sans solution satisfaisante.

En fait, nos connaissances sur les animaux abyssaux et leur biologie sont encore trop fragmentaires, trop vagues, trop teintées même d'hypothèses invérifiées ou d'idées préconçues pour qu'il soit possible, ou du moins prudent, de s'aventurer trop avant et, sans jeu de mots, trop profondément dans pareil sujet. Faisons, pour une fois, preuve d'humilité, et admettons nos ignorances. En les souhaitant provisoires et en nous efforçant, bien entendu, de notre mieux de les effacer par de nouvelles observations. Le coup de chalut d'Anton Bruun dans les dix kilomètres de la fosse de Mindanao et la plongée du *FNRS-3* à quatre mille cinquante mètres autorisent bien des espoirs. Il ne reste plus qu'à continuer…

III

POUMONS ET BRANCHIES

Third Fisherman : Master, I marve how the fishes live in the sea.
First Fisherman : Why, as men do a-land, the great ones eat up the little ones.

PÉRICLÈS, II, I.

Non, non, je n'ai pas tout à fait fini. Mais patience, mes amis, la cloche de la récréation va bientôt sonner... D'ici là je voudrais tout de même examiner encore avec vous quelques points qui ne me paraissent pas entièrement dépourvus d'actualité.

Car, au moment où la question de la pénétration de l'homme dans le milieu sous-marin se pose de façon tout à fait sérieuse et à la veille de la création d'un département abyssal dans les agences de voyages, il ne sera pas sans intérêt de se demander comment les êtres vivants aquatiques, ou amphibies, ont résolu le problème de leur respiration.

Ici encore, une fois de plus, la nature a employé un grand nombre de procédés différents puisque l'objectif commun : assurer les échanges respiratoires (absorption d'oxygène et rejet du gaz carbonique) ne pouvait être atteint : 1. qu'en tenant compte de la biologie de l'organisme (aquatique permanent ou temporaire, etc.) ; 2. qu'en partant des données d'une morphologie définie (celle de l'insecte, du crustacé, du vertébré, etc.) : il ne poussera pas de poumons à un vertébré des grands fonds, mais pas davantage à un insecte, même terrestre.

On peut distinguer trois catégories[1].

1. Il y a d'abord les organismes dont les échanges gazeux se font directement de liquide à liquide. C'est le cas des animaux à branchies sanguines (eau → sang → tissus) : poissons, têtards de batraciens, mollusques, crabes, crevettes, etc. C'est aussi celui d'un grand nombre d'animaux sans appareil respiratoire différencié et chez lesquels les échanges se font à travers la paroi du corps entre les liquides internes et l'eau externe : petits crustacés, beaucoup de vers, etc. Le schéma se simplifie encore avec les formes sans liquide d'échange intérieur (eau → tissus) : méduses, éponges, infusoires, etc. Les plantes immergées sans lacunes aérifères se "débrouillent" de la même façon (algues, etc.).

2. Dans une seconde catégorie, on groupera les organismes dont les échanges se font au moyen d'un milieu gazeux limité (atmosphère d'échange) servant d'intermédiaire entre les liquides internes et l'eau (eau → atmosphère d'échange → sang → tissus).

Beaucoup de larves d'insectes ont ainsi des "branchies trachéennes" où le système de tubes aérifères internes ou "trachées", et par conséquent l'air qu'il contient, ne se trouve séparé de l'eau ambiante (et de son oxygène dissous) que par une mince membrane à travers laquelle se font les échanges. Ces branchies peuvent être, sur les côtés de l'abdomen, de délicates lamelles ou de gracieuses houppettes ; elles sont, ailleurs, rectales et l'animal alors respire, tousse, et certainement s'enrhume par le derrière ; après tout, pourquoi pas ? Cela ne peut guère indisposer que

1. Je renvoie pour plus de détails au très intéressant mémoire de M. Henri Prat, "Recherches sur la respiration des organismes submergés", *Bull. Inst. Océanogr.*, n° 824, 1942 : nous aurons à plusieurs reprises l'occasion de le citer.

le pharmacien, obligé de confondre pastilles pectorales et suppositoires.

Les plantes vasculaires submergées ont, à défaut de trachées, un système de lacunes aérifères où s'abrite une atmosphère d'échange, tout à fait indépendante de l'air supra-aquatique, et de composition d'ailleurs assez différente. Certains insectes sans branchies, et qui seraient incapables par eux-mêmes de mener une vie submergée, ponctionnent la plante et, désormais en contact avec l'air intérieur du végétal, assurent de la sorte leur respiration.

D'autres insectes se constituent une atmosphère d'échange sous forme d'une sorte de matelas ou plastron gazeux, tandis que des araignées aquatiques construisent de véritables cloches à plongeurs.

3. Enfin beaucoup d'animaux utilisent, pour respirer sous l'eau, l'atmosphère supra-aquatique.

Les uns plongent en emportant avec eux une provision d'oxygène, dont le volume réduit limite nécessairement la durée même de leur excursion aquatique ; les autres se sont arrangés pour pouvoir rester en communication permanente avec la surface.

La plongée avec provision est celle des loutres, des baleines, des phoques, des lamantins, des pingouins, des mouettes, des crocodiles, des tortues, des serpents marins (à ne pas confondre avec le serpent de mer), des grenouilles, de divers mollusques, des pêcheurs de perles, des sous-marins, des scaphandriers autonomes à réservoirs d'air, des bathyscaphes.

Le détail, morphologique et physiologique, varie, bien entendu, considérablement. Ce qui explique que si le rat blanc ne peut rester sous l'eau qu'environ trois minutes, l'homme trois, quatre minutes, et le chien presque quatre minutes et demie, on a constaté des plongées de quinze minutes pour le castor ou le phoque gris, de trente pour le rorqual commun et de… cent vingt pour la baleine à bec : cent vingt minutes, ça fait deux heures ; pour un mammifère respirant comme vous et moi par des poumons, ce n'est pas mal. Ajoutons que, naturellement, pour pouvoir réaliser pareilles performances, il faut que les cétacés présentent toute une série d'adaptations particulières, à la fois anatomiques et physiologiques. Ceux d'entre vous qui désireraient plus de renseignements sur ce sujet les trouveront dans deux ouvrages l'un et l'autre passionnants et que je m'en voudrais de ne pas citer ; car, comme disait volontiers l'un de mes vieux maîtres : "Quand on a un bon tuyau, faut toujours en faire profiter les copains" : la *Physiologie des animaux marins* de Paul Portier[1], et, du docteur F. Bourlière : *Vie et mœurs des Mammifères*[2].

Quant aux animaux restant en relation avec l'air extérieur, ce sont une foule de larves d'insectes (on connaît le tube à coulisse de l'Eristale), les Hémiptères à aiguille creuse – prise d'air anale ("scorpions d'eau", etc.), les scaphandriers ordinaires, reliés par un tuyau à une pompe située en surface. Tout au fond du Sahara oriental il y a un petit poste appelé Aouzou avec, dans la palmeraie, une source transformée en piscine-baignoire : au printemps 1940, un sous-officier et un caporal-chef s'y livraient, avec le tuyau du bock laveur de l'infirmerie, dont une extrémité, émergée, était fixée à un flotteur, à des expériences de plongée ; l'embout aux lèvres et couchés dans l'eau, nous nous divertissions à couler puis à remonter au jeu alterné de nos contractions et dilatations thoraciques, bientôt interrompues d'ailleurs par quelque grosse facétie du camarade émergé, toujours prêt à boucher l'orifice d'aération avec un noyau de datte ou à y verser assez de liquide pour faire surgir des "profondeurs", toussant et crachant, le scaphandrier amateur.

1. Paris, Flammarion, 1938.
2. Paris, Payot, 1951.

Au terme de son étude sur les dispositifs respiratoires des organismes aquatiques, M. Prat nous livre une conclusion catégorique : "Jusqu'ici l'homme n'a employé pour ses appareils sous-marins que des dispositifs comportant une étroite dépendance vis-à-vis de l'atmosphère, limitant leur liberté soit dans le temps (réserves d'oxygène), soit dans l'espace (alimentation par tube). En réalité ce ne sont que des appareils de *plongée* et non de *respiration sous-marine*. Ils appartiennent au type le plus médiocre et le plus imparfait de tous ceux que nous présente la nature vivante."

Ce qui est parfaitement exact. M. Prat a raison de juger que la possibilité d'une vie sous-marine véritable demeure liée pour l'homme à l'acquisition de branchies. Non certes de branchies anatomiques ornant nos cous de délicates lamelles purpurines comme en arborent nos frères les poissons, mais de branchies artificielles, empruntant à l'eau son oxygène et lui restituant du gaz carbonique. Des dispositifs expérimentaux, à cloche, à ruissellement, à pulvérisation ont été réalisés au laboratoire. Il se peut qu'associée à d'autres systèmes, ou même un jour autonome, la branchie artificielle vienne permettre enfin à l'homme, à l'instar de l'immense majorité des animaux aquatiques, de faire dans l'eau plus que de rapides incursions, de s'y établir, d'y vivre, d'y louer un appartement, de s'y reproduire et d'élever au fond des mers le cochon abyssal et la tomate Neptune.

Peut-être aussi d'y répondre enfin aux vœux du capitaine Nemo : "C'est par la mer que le globe a pour ainsi dire commencé, et qui sait s'il ne finira pas par elle ! Là est la suprême tranquillité. La mer n'appartient pas aux despotes. A sa surface, ils peuvent encore exercer des droits iniques, s'y battre, s'y dévorer, y transporter toutes les horreurs terrestres. Mais à trente pieds au-dessous de son niveau leur pouvoir cesse, leur influence s'éteint, leur puissance disparaît ! Ah ! monsieur, vivez,

vivez au sein des mers ! Là seulement est l'indépen dance ! Là je ne reconnais pas de maîtres ! Là, je suis libre !"

*

Cette humanité aquatique, ces hommes marins, symboles pour nous de quelque lointain et fabuleux avenir, ils appartenaient pour nos ancêtres à une aussi plate réalité que le crocodile, la grue couronnée ou le loup-cervier.

En douteriez-vous ? Voici des faits, précis, consignés par écrit et qui de nos jours eussent eu les honneurs de la presse et de la caution des "milieux-généralement-bien-informés".

894 : on trouve en mer Caspienne, dans le ventre d'un "fort grand poisson", une "fille marine encore vivante... ceinte d'un caleçon sans couture fait d'une peau semblable à celle de l'homme".

1430 : après une "grande inondation qui était déjà diminuée", des gens d'Edam en Zélande découvrent "une fille marine ensevelie dans la fange..., semblable à nous, à quelque différence près".

1671 : le 23 mai, comme en fait foi un procès-verbal dressé par-devant notaire et en présence du père Julien Simon, jésuite, par Pierre Luce, Sr. de la Paire, capitaine commandant les quartiers du Diamant à la Martinique, on vit vers le coucher du soleil "un monstre marin ayant la figure humaine de la ceinture en haut, & se terminant par le bas en poisson", avec "le nez gros et camus", une barbe "pendante de sept à huit pouces", des mains "semblables aux nôtres, avec lesquelles, lorsqu'il sortoit de l'eau... il paroissoit s'essuyer le visage" et "reniflant au sortir de l'eau, comme font les chiens barbets".

1682 : on prend un homme marin à Sestri de Levant, dans l'Etat de Gênes, qui "au lieu de cheveux & de barbe... avoit une espèce de calotte mousseuse élevée d'un pouce, & au menton un peu de mousse fort courte", qui vécut quelques jours "sans vouloir rien prendre, pleurant et jettant des cris lamentables".

1720 : le jeudi 8 août la *Marie de Grâce* rencontre sur les bancs de Terre-Neuve un homme marin qui frappé d'une gaffe par le contremaître Guillaume L'aumônier "prêta le visage au contremaître, comme un homme en colère qui eût voulu faire un appel". Passé sur l'avant du vaisseau "il s'arrêta à regarder la figure, qui étoit celle d'une très-belle femme. Après l'avoir long-temps considérée, il prit la soûbarbe du Beaupré, & s'éleva hors de l'eau, pour tâcher à ce qu'il sembloit de faire tomber la figure." Le contremaître tente de le harponner "mais craignant que cet homme marin ne fût la vision d'un matelot nommé la Commune, qui l'année précédente, le 18 du même mois d'août, s'étoit défait à bord du vaisseau, sa main tremblante adressa mal le coup" ; l'homme marin revient le long du bord "ensorte que tout l'Equipage remarqua parfaitement qu'il avoit le sein aussi plein que celui d'aucune fille ou femme. Il se renversa ensuite sur le dos, et prit avec ses mains ses parties naturelles, d'une grosseur & d'une figure pareilles à celles d'un cheval entier" puis "nageant lentement, il s'éleva hors de l'eau, & tournant le dos, il fit ses immondices tout contre le vaisseau. Après cela il s'éloigna de sorte qu'on le perdit de vûe."

Laissons s'éloigner ce malpoli, aux gestes volontairement désobligeants, pour fixer un instant notre attention sur les similitudes et les contrastes qui rapprochent ou opposent les deux éléments superposés, l'air et l'eau.

En fait, les hermétistes n'ont raison qu'en apparence – ou du moins seulement dans un domaine limité et qui n'est pas ici le nôtre – quand ils affirment que "ce qui est en haut est comme ce qui est en bas".

Je sais bien, et on l'a souvent noté, qu'une évidente symétrie paraît regrouper deux à deux les engins qui s'élèvent dans les airs et ceux qui s'enfoncent dans les eaux. Le professeur Piccard a cité lui-même un certain nombre de ces "équivalences" : le tube-observatoire de Williamson est une tour, le filet pélagique un cerf-volant, les appareils océanographiques libres des ballons-sondes, les sous-marins des dirigeables, la bathysphère un ballon captif, le bathyscaphe un ballon libre.

Peut-être ne faudrait-il pas cependant pousser trop loin la comparaison. Les deux milieux, le gazeux et le liquide, demeurent en effet pour l'homme foncièrement différents. Monter, fût-ce pour dépasser vingt mille mètres, en ballon stratosphérique, c'est ne perdre qu'en partie, et d'ailleurs très graduellement, le contact avec la surface terrestre. Toutes les transitions existent et ce n'est guère qu'une question de degré : à cinq, dix, cinquante, cent ou mille mètres, on n'en demeure pas moins enchaîné au sol par un double lien, celui de la vue, celui de la pesanteur. Sans doute aura-t-on perdu le contact matériel direct, tactile, du sol, mais seulement parce que le bras est trop court : cette terre, on la voit encore, on ne cessera même jamais de la voir, permanente et rassurante, et s'il fait nuit, si la nappe ouatée et neigeuse des nuages nous la dissimule un moment, on sait bien que demain à l'aube, ou dès la première déchirure dans la brume, ses paysages nous seront rendus. Et puis, et puis, ce sol, n'est-on pas certain, mathématiquement certain, tôt ou tard, d'y revenir ? Si haut fût-on monté, on est sûr de redescendre – sous quelle forme, peu importe – mais l'essentiel est là : l'envolé se reposera.

Plonger, c'est tout autre chose. Et c'est tout de suite autre chose. Franchir le miroir de la surface de l'eau c'est, en effet, basculer, d'un seul coup, dans un autre monde, c'est franchir aussi vite que le brutal et péremptoire claquement de quelque géante paire de ciseaux les frontières d'un pays

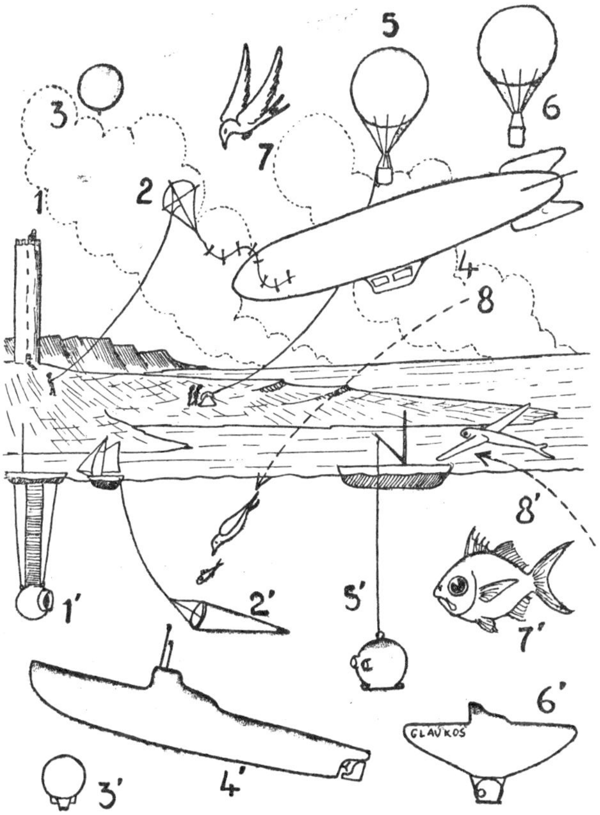

1. Tour.
1'. Tube-observatoire de Williamson.
2. Cerf-volant
2'. Filet à plancton.
3. Ballon-sonde.
3'. Appareil océanographique libre (p. ex. appareil photographique ou flotteur pour l'étude des courants, etc.).
4. Dirigeable.
4'. Sous-marin.
5. Ballon captif.
5'. Bathysphère.
6. Ballon libre.
6'. Bathyscaphe.
7. Oiseau.
7'. Poisson.
8. Oiseau plongeur.
8'. Poisson-volant.

décidément très dissemblable du nôtre, c'est crever la paroi d'un royaume où règnera bientôt une totale obscurité et où la pesanteur, loin de vous préparer un automatique retour vers l'air et la lumière, s'efforcera tout au contraire de réserver à nos dépens à de futurs géologues une énigmatique découverte : un squelette humain fossilisé, avec quelques dents de requin et quelques os de cétacés dans une roche paraissant avoir été, à la fin du Quaternaire, une vase abyssale.

Ici, c'est un peu le tout ou rien. On n'est pas un peu sous la mer ou davantage, mais ou dedans, ou dehors : dans l'air, ou sous l'eau, deux mondes séparés seulement par la moire d'un fragile satin qu'il n'est parfois que trop aisé de déchirer, à la rencontre d'une silencieuse agonie discrètement abritée sous la virtuelle mais efficace cloison de la surface refermée.

IV

LES BATHYSCAPHES

L'Ange reprit ensuite :
"Désires-tu que je te fasse voir quelques-unes des merveilles qui se trouvent dans la mer ?" – "Oui, Seigneur et messager de Dieu."

Pseudo-CALLISTHÈNE

Le mot – et la chose – sont récents : c'est à ma connaissance en 1947 que la presse parle d'un "bathyscaphe" pour la première fois, A. Piccard utilisant en 1940 le nom de "thalassosphère[1]". Mais il n'y a pas de génération spontanée et l'on a vu plus haut que les bathyscaphes sont – sans le savoir, bien entendu – les arrière-petits-fils de la lanterne de Telliamed, fonctionnant sur un principe absolument identique. L'idée, par conséquent, n'était pas nouvelle, mais ce qui l'était c'était l'incarnation de celle-ci dans une concrète réalité. La lanterne du philosophe indien n'a sans doute jamais existé ailleurs que dans les pages d'un vieux livre, le *FNRS-2* a vécu sous nos yeux, visible, palpable ; il se survit dans le *FNRS-3* auquel il a légué sa cabine.

L'indiscutable mérite de l'invention des bathyscaphes revient à Auguste Piccard, comme suffirait à en faire foi un texte capital, intitulé "Le Projet d'une exploration sous-marine belge" et

1. A. Piccard a bien voulu, en réponse à une question, me faire savoir (*in litt.*, 25-3-1954) que c'est "en 1946 (ou 1947 ?)" qu'il a créé le mot "bathyscaphe".

publié dans les *Actes de la Société helvétique des sciences naturelles* dès 1940[1].

Cet article revêt une importance exceptionnelle car dès cette date, tout y est décrit, prévu et calculé ; dès 1940 les problèmes théoriques que posait la construction d'un hydrostat capable d'aller à quatre mille mètres étaient résolus.

Le coup de génie, c'était, bien entendu, le passage de la bathysphère, dangereusement suspendue à sa ficelle, au bathyscaphe autonome : "… Il faut franchir le pas qui sépare le ballon captif du ballon libre… Il faut que l'appareil d'exploration flotte librement dans l'eau, sans aucune liaison avec le navire de base. Il faut donc créer le ballon libre de l'océan. Est-ce possible ?"

Et en réponse à cette question, A. Piccard décrit successivement : le principe hydrostatique de l'appareil, la cabine sous-marine, les hublots d'observation, le flotteur, le lestage et le délestage, les instruments de navigation, les groupes motopropulseurs.

Les solutions théoriques et pratiques aux problèmes en cause étaient trouvées. Il restait à construire le premier bathyscaphe, qui s'appellera *FNRS-2.*

Peut-être n'est-il pas sans intérêt de donner ici quelques détails techniques sur ce premier bathyscaphe, dont le rôle – malgré l'échec final de ses tentatives – demeurera très important dans l'histoire des appareils de plongée profonde[2].

Il s'agit, en quelque sorte, d'une description "idéale" du *FNRS-2*, avec son minimum de perfectionnement. En fait, bien des éléments de ce tableau n'ont jamais eu l'occasion de fonctionner.

1. Je tiens à préciser : pages 33-45 ; le recueil était imprimé à Locarno.
2. Les notes descriptives qui suivent ont été, pour l'essentiel, préparées par M. Henri Ghysels qui a bien voulu me les communiquer et en autoriser la reproduction.

I. LA CABINE
(sphère – porte – hublots – sortie des conduites et fils)

D'un diamètre interne de deux mètres, d'une épaisseur de neuf centimètres (presque doublée aux deux pôles : quinze centimètres), d'un volume intérieur de quatre mètres cubes dix-huit, la sphère-cabine est composée de deux hémisphères – coulés au four électrique par les établissements Henricot de Court-Saint-Etienne (Belgique), en acier inoxydable au nickel-chrome-molybdène, dit "acier infatigable", ou "de Gennevilliers". Un examen radiographique attentif a permis de constater l'excellente qualité du métal et l'absence de tout défaut grave. Les hémisphères sont réunis par quatre cents agrafes, sans joint interposé, et d'autant plus étroitement appliqués l'un contre l'autre que la pression qui s'exerce sur eux de l'extérieur est plus forte. Le poids de la sphère est de onze tonnes cinq cents dans l'air, de six tonnes dans l'eau.

A quatre mille mètres, les deux hémisphères sont poussés l'un contre l'autre par une force de quinze mille tonnes, la pression totale supportée par la cabine étant de soixante mille tonnes. Une maquette au 1/10 dont la rupture, calculée, devait intervenir à mille cinq cents atmosphères, a été écrasée à mille cinq cent trente atmosphères : la cabine pouvait donc supporter, théoriquement, la pression correspondant à une profondeur de quinze mille mètres, donc bien supérieure à toutes celles que l'on connaît actuellement.

Autre remarque : à quatre mille mètres, un trou d'un millimètre carré admettrait dix-sept litres à la minute à une vitesse de deux cent quatre-vingts mètres par seconde.

La porte est un cône d'acier d'un diamètre extérieur de cinquante-cinq centimètres, intérieur de quarante-trois, et d'une épaisseur de quinze centimètres. Cette masse, qui pèse plus de deux cents kilos, a été ajustée au 2/100 de millimètre avec la paroi de la cabine pour assurer l'étanchéité parfaite de celle-ci. Son maniement est délicat parce qu'il faut éviter les éraflures, tant sur les parois du cône que sur la fenêtre en plexiglas qui en occupe le milieu. Aussi se sert-on d'une poulie pour la soulever, et, pour la guider, on l'emmanche sur une barre de fer de plusieurs mètres, qui, à l'aide de boulons, s'adapte à la paroi extérieure du bloc d'acier à peu près comme le manche d'un poêlon.

La pression que l'eau exerce sur la cabine suffit pour maintenir la porte en place. Mais pour éviter qu'elle ne tombe lors de la mise à l'eau du bathyscaphe, un anneau doublé d'un joint vient, au moyen de boulons, la maintenir dans l'ouverture conique de la paroi.

Notons que l'ouverture de la cabine est protégée habituellement par un cône en tôle doublé de feutre qui s'applique sur la section ajustée, la protégeant ainsi des éraflures que pourrait y laisser au passage le soulier de l'un ou l'autre bathyscaphandrier.

La cabine est munie de deux fenêtres destinées aux observations : deux hublots situés à chaque pôle de la sphère (l'équateur étant le cercle de contact des deux hémisphères coulés séparément). L'axe qui joint ces pôles est incliné de dix-huit degrés environ sur l'horizontale. Le hublot de proue, formant le "pôle sud" de la sphère, se trouve au centre du cône d'acier servant de porte. Les deux hublots ont les mêmes dimensions, c'est-à-dire quarante centimètres de diamètre extérieur et dix de diamètre intérieur. Tous deux sont faits en plexiglas parce que cette matière transparente, tout en offrant une résistance suffisante, est assez plastique pour suivre les déformations de l'acier sans se casser.

Le hublot de proue est muni d'un perfectionnement destiné à compenser la déformation convexe du plexiglas sous la pression : une plaque de verre optique poli est séparée du plexiglas par un liquide (glycérine) possédant approximativement le même indice de réfraction que le plexiglas. Celui-ci, en se déformant, expulse dans un vase d'expansion une partie du liquide, qui reprend sa place lorsque la pression diminue. La plaque de verre, en outre, se polit mieux que le plexiglas et assure une meilleure optique.

Deux bonnettes tournant sur un axe peuvent être placées à volonté devant le hublot. La première permet d'obtenir une image photographique nette malgré la réfraction des rayons lumineux sortant de l'eau, en compensant les objectifs. L'autre qui peut prendre la place de la précédente, s'ajoutant à la lunette dont nous parlerons plus loin, en fera un microscope permettant d'étudier les organismes minuscules évoluant à quelques centimètres du hublot.

L'observateur assis devant le hublot peut, en outre, se servir à volonté des instruments placés sur un bâti tournant à proximité de la fenêtre : lunette, appareil photographique et cinématographique. La lunette, complétée par la bonnette décrite plus haut, forme un microscope. Sans bonnette, elle sert à examiner avec un fort grossissement les animaux passant à deux mètres environ du bathyscaphe. Faisant tourner le bâti, l'observateur peut ainsi mettre en place l'appareil photographique dont l'obturateur est synchronisé avec le flash de soixante-quatre mille watts suspendu au flotteur, ou l'appareil de prises de vues cinématographiques.

Pour que l'observateur puisse suivre un objet intéressant, c'est lui qui, à ce moment, commande les légers déplacements du bathyscaphe ; il le fait au moyen du petit tableau de bord placé sur ses genoux, qui lui permet également de déclencher les harpons, la lampe-éclair, etc.

Afin qu'il puisse opérer avec facilité, l'appareil photographique et l'appareil cinématographique sont tous deux du type reflex : l'observateur voit ce qui se passe devant le hublot dans le "viseur" de l'appareil.

L'une des questions dont la solution a été l'objet de recherches attentives et d'essais renouvelés fut celle de la sortie de la cabine des fils destinés aux

Le bathyscaphe *FNRS-2* passe au-dessus du pont du *Scaldis* (1948)

commandes électriques, à l'antenne, aux ultra-sons, ainsi que des prises d'eau et d'air. Il y en a dix en tout : deux sorties contenant trente-six fils électriques, reliant les commandes à la boîte des relais (plusieurs de ces fils sont en outre multipliés et peuvent faire passer plusieurs "communications" comme un fil téléphonique) ; trois sorties à un seul fil, destinées aux deux quartz des ultra-sons et à la lampe-flash ; une sortie (antenne) à un fil, blindé au moyen de six fils disposés tout autour dont un sert à alimenter la lampe au sommet de l'antenne ; un passage d'huile reliant le réservoir extérieur, soumis à la pression de l'eau, aux manomètres ; un passage pour les prises d'eau et deux passages d'air.

Tous ces trous ont été forés dans la partie renforcée (quinze centimètres) qui entoure le hublot de poupe (fenêtre). A l'extérieur, ils ont un diamètre de cinquante millimètres, à l'intérieur la moitié environ, et la transition se fait au moyen d'un cône. Leur obturation a causé bien des soucis. Tous les fils en cuivre nu des conduites électriques devaient être isolés et la pression ne devait pas les expulser.

Voici la solution retenue par MM. Piccard et Cosyns : toutes les conduites, à l'exception de la manche à air dont nous parlerons plus loin, ont été placées dans un cône en plexiglas qui forme bouchon et résiste à la pression, isolant la conduite en l'immobilisant.

Pour les petits fils, une partie de l'épaisseur du cône en plexiglas a été évidée, le reste étant percé à la foreuse de trous dans lesquels étaient placés les fils conducteurs. Pour remplir le cône et enrober la conduite on a versé du plexiglas liquide (métacrylate de méthyle) centimètre cube par centimètre cube, pour éviter que les bulles ne se forment, et chaque fois, le cône était placé dans une étuve à cinquante-six degrés où la partie ajoutée se solidifiait, formant ainsi bloc avec le tout.

Les cônes devant contenir les gros fils et les conduites d'eau et d'huile n'ont pas été coulés, mais ajustés, le fil ou la conduite prenant également la forme conique pour éviter le glissement et assurer l'étanchéité.

En ce qui concerne les passages d'air (un de sortie et un d'entrée) donnant dans le tube d'aération qui doit être employé en surface, ces trous s'obturent automatiquement par un cône en plexiglas qui forme bouchon.

L'éclairage intérieur de la cabine est assuré au moyen de deux lampes de faible voltage, qui sont suffisantes, l'intérieur de la cabine étant peint en blanc.

Une fois le hublot d'entrée fermé, les quatre mètres cubes d'air dont disposent les deux bathyscaphandriers sont peu à peu viciés et il faut que l'oxygène absorbé par leur sang dans leurs poumons soit régulièrement renouvelé, et, surtout, que l'acide carbonique qu'ils expirent soit évacué. La vapeur d'eau offre également de nombreux inconvénients tant au point de vue hygiénique qu'au point de vue instrumental (buée sur les hublots par exemple) et doit être éliminée au fur et à mesure de sa production.

Une bouteille fournira l'oxygène nécessaire, au rythme de deux litres par minute. Cet oxygène, passant par un injecteur, provoque la circulation de soixante-dix litres d'air par minute dans le conduit aboutissant aux grands cylindres blancs qui contiennent les absorbants chimiques : essentiellement de la soude caustique Solvay qui absorbe l'acide carbonique, du silicagel Uticon qui absorbe l'humidité, et du carbone actif pour absorber les gaz organiques. L'air, après avoir passé par la soude caustique, s'est réchauffé et doit être refroidi avant de passer dans le silicagel. Ce refroidissement s'opère par un échangeur de chaleur qui refroidit l'air avant son passage dans le silicagel et le réchauffe à sa sortie sur les hublots où il empêche la buée de se former, ainsi que dans les boîtes appliquées à la paroi de la cabine. En outre, un ventilateur permet de renforcer ou de remplacer le courant d'air provoqué par l'injecteur d'oxygène, notamment lorsque l'appareil, flottant en surface, peut recevoir de l'air extérieur par sa manche à air aboutissant à un mètre au-dessus du flotteur. Cet air provenant de l'extérieur peut être lui aussi asséché par le silicagel. (Lorsque l'appareil parvient en surface, le tuyau d'aération double est rempli d'eau. On recueille celle-ci dans un bidon *ad hoc* placé à l'intérieur du bathyscaphe.)

Une bouteille donne à plein rendement de l'oxygène pendant douze heures. En abaissant son débit jusqu'au minimum vital, elle marche pendant plus de quarante heures, et une bouteille de réserve peut être emportée éventuellement.

Pour contrôler si la régénération de l'air s'opère régulièrement, les passagers disposent d'un densitomètre. Ils peuvent également se servir d'un baromètre et d'un thermomètre (indiquant la pression à une température donnée) et d'ampoules de baryte en présence de phénolphtaléine, dont la décoloration mesure la quantité d'acide carbonique se trouvant dans l'air. Une simple allumette pourrait donner une indication à ce sujet dans les cas extrêmes.

II. LE FLOTTEUR
(châssis – essence – réservoir d'huile – installations électriques)

Ce qui impressionne souvent le non-initié regardant le bathyscaphe, c'est la fragilité apparente de l'enveloppe qui recouvre les flotteurs. En réalité, cette tôle cache le châssis en poutrelles d'acier soudées électriquement qui maintient ensemble les flotteurs et la cabine.

Ce châssis, qui forme un plan horizontal, présente un enchevêtrement de poutrelles savamment étudié. Les sept réservoirs d'essence formant flotteurs sont posés dessus, et fixés au moyen de brides en aluminium.

En quatre points renforcés, ce châssis reçoit l'extrémité de quatre tiges qui partent de l'anneau sur lequel repose la sphère. Près des points renforcés s'insèrent en outre deux montants verticaux, terminés par les deux anneaux auxquels le bathyscaphe entier est suspendu lors de sa mise à l'eau. Le mât de charge du navire accompagnateur porte, par l'intermédiaire d'une poulie, un palonnier aux extrémités duquel sont fixées les deux poulies attachées aux anneaux.

Enfin, le châssis est muni de quatre boucles qui font saillie de part et d'autre du flotteur et qui servent à stabiliser le bathyscaphe lors de ses manipulations et à l'arrimer dans la cale du *Scaldis* pendant le transport. Une armature en fer formant bouclier peut y être également adaptée. Elle sert en cas de houle à protéger les flotteurs et la cabine lorsque le balancement du navire pourrait leur faire heurter le pont ou l'entrepont pendant la mise à l'eau ou l'entrée dans la cale.

Remarquons qu'outre la sphère, toutes les parties pesantes du bathyscaphe, batteries, coffre des relais, phares, lest, sont suspendues au châssis, véritable point d'attache entre les flotteurs qui tendent à remonter et tout le reste, qui tend à descendre.

Le flotteur contient le liquide qui donnera à l'engin sa force ascensionnelle. Pour monter, on lâchera du lest, pour descendre, on ouvrira la soupape laissant s'échapper le gaz ou le liquide.

On sait que, pour le bathyscaphe, c'est l'essence dite 60/90 (distillée entre soixante et quatre-vingt-dix degrés), employée habituellement par les plombiers dans leur lampe, qui a été choisie comme liquide plus léger que l'eau (densité 0,69) dont seront remplis les sept réservoirs constituant le flotteur. Ce n'est qu'une fois à l'eau que le châssis du bathyscaphe peut supporter les vingt-deux tonnes des trente-deux mille litres d'essence que les flotteurs doivent emporter.

Avant la plongée, l'essence se trouve dans les tanks du *Scaldis*. Ceux-ci proviennent de la malle

Prince Albert, qui pendant la guerre, devant servir de transport de troupes sur des distances plus longues qu'Ostende-Douvres, avait été équipée de réservoirs supplémentaires.

Dans ces tanks, dont l'espace libre est rempli d'acide carbonique, l'essence subit une faible pression. Les flotteurs du bathyscaphe sont eux aussi remplis d'acide carbonique sous pression, ce qui évite qu'ils ne s'écrasent lors de la mise à l'eau du sous-marin.

Lorsque le *FNRS-2*, sorti de la cale où le pilote et l'observateur se sont enfermés dans la cabine du sous-marin, a été soulevé au-dessus du bastingage par le mât de charge et qu'il flotte à côté du *Scaldis*, on relie les tanks aux flotteurs à l'aide de deux conduites semblables à celles des pompes à incendie. La plus grosse amène l'essence à la vanne d'entrée, l'autre ramène l'acide carbonique des flotteurs dans le tank. (L'acide carbonique élimine le danger d'explosion qui existerait si les flotteurs étaient remplis d'air.) Le mouvement de l'essence est produit par une pompe intercalée sur la grosse conduite. Cette pompe est munie d'un moteur à essence. Pour éviter tout danger d'incendie, il se trouve dans un compartiment étanche à bord du *Scaldis*, compartiment ne laissant sortir que l'arbre de transmission et cela à travers un presse-étoupe. En cas de panne, un second groupe motopompe peut remplacer le premier.

Quand le bathyscaphe revient de plongée, un jeu de vannes permet de produire le même mouvement en sens inverse.

Lors du remplissage, le mécanicien se trouvant sur le flotteur ouvre et ferme les vannes, avant de refermer le couvercle qui les protège. L'essence entre dans les réservoirs par une vanne d'entrée commune. L'acide carbonique est expulsé par des purgeurs individuels situés à la partie supérieure de chaque flotteur. Les purgeurs sont munis de regards qui permettent au mécanicien d'apercevoir l'essence déborder du flotteur et s'échapper en bouillonnant par le purgeur. C'est à ce moment qu'il le ferme. Notons que la vanne d'entrée, communiquant avec le bas des flotteurs, reste ouverte. C'est par là que l'eau entrera pour remplir l'espace laissé libre par l'essence comprimée vers le haut.

Outre l'acier au nickel-chrome-molybdène dont est coulée la sphère, le plexiglas dont sont faits les hublots et les sorties des conduites et des fils, l'huile a trouvé lors de la construction du bathyscaphe de nombreuses utilisations comme liquide isolant destiné à équilibrer les pressions extérieure et intérieure de nombreux organes du sous-marin. Cette huile se trouve placée dans une nourrice, réservoir en caoutchouc synthétique (le caoutchouc naturel serait dissous) situé sous le hublot de poupe et protégé en grande partie par une carapace d'acier. De ce réservoir partent des canalisations d'huile qui sont en communication avec toutes les conduites de fils électriques et tous les organes alimentés par eux : coffre des relais, moteurs, etc. (sauf avec les batteries qui ont une alimentation propre pour pouvoir éventuellement être larguées, et le tachymètre qui exige une huile spéciale). L'huile sert aussi d'intermédiaire pour la mesure de la pression extérieure dans les manomètres. Une légère surpression a été établie dans les canalisations, de sorte qu'en cas de fuite, ce soit l'huile qui sorte et non pas l'eau qui entre. Tout le circuit contient une cinquantaine de litres d'huile.

L'alimentation en courant électrique du sousmarin se fait au moyen de deux batteries de quatorze volts d'une capacité de neuf cent cinquante ampères par heure (vingt-cinq kilowatts par heure environ). Avec la caisse qui les contient, elles pèsent ensemble mille deux cents kilos. Ce sont des batteries normales au plomb, fonctionnant à la pression extérieure. Leur acide est isolé de l'eau de mer par une couche d'huile. Placées en série, elles alimentent tous les organes du bathyscaphe, soit directement lorsqu'il s'agit de courants faibles, soit par l'intermédiaire d'une boîte de relais, lorsqu'il s'agit de courants dépassant deux ampères. Ces relais sont commandés de l'intérieur par deux conduites de trente-six fils dont certains se multiplient à l'aide de sélecteurs téléphoniques. La boîte des relais, qui fonctionne dans un bain d'huile en communication avec le réservoir-nourrice, est placée à mi-hauteur à la poupe du flotteur. De là partent les fils amenant le courant aux moteurs, aux électro-aimants portant le lest, et aux phares.

Les deux moteurs ont une puissance d'un cheval chacun, et tournent dans l'huile, celle-ci devant équilibrer les pressions extérieure et intérieure. Il a fallu, lors de leur construction, se préoccuper du problème que posait dans ce cas le fonctionnement du collecteur dont il fallait éviter l'encrassement malgré le bain d'huile. Les moteurs sont munis d'un réducteur de vitesse de sorte que l'hélice tourne environ dix fois moins vite qu'eux. Chaque moteur est réglé de façon à avoir deux vitesses en marche avant et deux en marche arrière, ce qui, combiné avec le point mort, donne à l'aide d'une simple commande sur le tableau de bord plusieurs allures de marche au sous-marin, et lui permet notamment de tourner dans les deux sens.

Remarquons que la forme des hélices a été spécialement conçue pour le bathyscaphe.

Les électro-aimants jouent un rôle important dans le bathyscaphe. C'est en les utilisant que nombre de problèmes, notamment les commandes à distance et le délestage, ont trouvé une solution. Ils sont du type "cloche", c'est-à-dire que les pôles forment l'un le centre, et l'autre le pourtour d'un cylindre comme une cloche et son battant. Ils ont une force portante de cent, deux cents ou trois cents kilos. Lorsqu'on coupe le courant, cette force portante se réduit normalement au vingtième de sa valeur, et elle s'annule lorsqu'un faible courant inversé est lancé dans le circuit. Ceci a lieu lors du "lâchez tout" dans le cas où un accident nécessite une remontée d'urgence ; alors lest, guiderope et même batteries sont largués. Les électro-aimants consomment un watt par cent kilos de force portante. Comme ils supportent mille deux cents kilos de batteries, mille deux cents kilos environ de lest en blocs, deux cent trente kilos de guiderope, quatre cents kilos de gravier dans les silos à lest et cinq cents kilos de grenaille, un simple calcul montre que ce n'est qu'au bout d'un millier d'heures que les batteries épuisées lâcheront le tout.

Quand le sous-marin commence sa plongée, il est, par mesure de précaution, relié au *Scaldis* par un câble. Si du gaz carbonique était resté dans les flotteurs, à trente mètres de profondeur, ce gaz serait réduit au tiers de son volume, ce qui diminuerait la force portante des flotteurs. On s'en apercevrait par une traction anormale sur le câble et on remonterait le bathyscaphe à la surface pour le remettre en état.

Pour descendre, les occupants du sous-marin doivent faire fonctionner la soupape placée au sommet du réservoir central, le seul qui en soit muni. Cette commande se fait par l'intermédiaire d'un électro-aimant. En cas de panne de courant, la soupape se ferme. Si elle restait ouverte, toute l'essence contenue dans le flotteur central s'échapperait, mais la quantité perdue pourrait être compensée par le lest disponible. Au départ en plongée l'alourdissement provoquant la descente est obtenu par du gravier versé progressivement dans le silo.

III. LE LEST ET LE DÉLESTAGE

Le pilote du bathyscaphe qui veut ramener son sous-marin en surface largue une partie du lest dont il s'est muni à cet effet.

Le bathyscaphe *FNRS-2* emporte plusieurs sortes de lest. En premier lieu, douze blocs d'environ quatre-vingts kilos, composés de grossières boîtes en épaisse tôle de bateau, plus ou moins remplies de mitraille suivant le poids qu'on a désiré leur donner, sont rangés sous le flotteur comme des livres dans une bibliothèque. Ils sont lâchés un à un, de façon symétrique pour que l'équilibre ne soit pas compromis. Ils sont accrochés à un électro-aimant (plus exactement, sont retenus par une chaîne dont l'extrémité libre est suspendue à un électro-aimant), d'autre part, ils reposent sur un étrier qui bascule au moment où l'électro-aimant lâche prise.

Le bathyscaphe emporte aussi comme lest d'appoint (surtout en vue du maintien de l'équilibre) du gravier contenu dans quatre tubes qui traversent le flotteur de haut en bas. Ces tubes sont fermés à leur extrémité inférieure par un clapet retenu à l'aide d'un électro-aimant : lorsque l'on coupe le courant, le clapet s'ouvre et libère le gravier.

Enfin, un cinquième tube semblable aux précédents, mais rempli de mitraille, est logé un peu en avant du centre du flotteur. Il se termine par un goulot entouré d'un électro-aimant. Quand le courant passe dans celui-ci, la mitraille s'aimante et forme bouchon. Elle s'écoule au contraire dès que le courant est interrompu. On peut ainsi lâcher une quantité de lest plus précise qui permet de faibles déplacements pour l'observation d'un objet déterminé.

Signalons aussi que les guideropes, blocs de deux cent vingt à deux cent cinquante kilos, et même les deux batteries de six cents kilos chacune, peuvent être largués dans les cas extrêmes.

Les mesures de profondeur se font au moyen de plusieurs manomètres. Le premier, un manomètre à aiguille du type standard employé dans l'industrie pour certains compresseurs, offre la particularité de pouvoir, grâce à un contact électrique, déclencher le largage du lest. Le deuxième est un simple manomètre enregistreur, également du type industriel. En indiquant la pression en fonction du temps, ce sera l'historiographe des plongées automatiques. Enfin un manomètre d'un type nouveau, réalisé par MM. Piccard et Cosyns, pourra servir également au déclenchement automatique du lest. Il se compose d'un cylindre en acier relié comme les deux premiers manomètres à la conduite d'huile en communication avec le réservoir extérieur soumis aux pressions du milieu ambiant. Ce cylindre est placé dans une chambre remplie de mercure qui a comme exutoire un tube capillaire gradué. La pression extérieure agit sur le cylindre en acier qui, se dilatant faiblement, fait monter dans le tube gradué le mercure expulsé de la chambre. Lorsque le niveau de mercure atteint un certain point dans le tube, il peut établir un contact électrique qui provoque le largage automatique du lest.

Il est à remarquer qu'outre ces déclenchements automatiques dus à la pression, le contact au sol d'un poids suspendu sous la cabine, l'aiguille d'une montre réglée pour établir un contact à une heure déterminée, l'épuisement des batteries (à faible puissance pour les plongées sans pilote) ou même une voie d'eau établissant un contact entre deux pôles situés à cinq centimètres du fond de la cabine, peuvent provoquer le largage du lest sans intervention du pilote. Tous ces facteurs déterminant la montée du *FNRS-2* interviendront lors des plongées sans occupants. Ils forment aussi un dispositif de sécurité multiple.

IV. APPAREILLAGES DIVERS

Pour la détermination de la température du milieu dans lequel se meut le bathyscaphe et de celle qui règne dans les flotteurs remplis d'essence, le *FNRS-2* est muni de thermocouples. La lecture des températures se fait de l'intérieur de la cabine, sur les cadrans placés à côté des manomètres, à droite du pilote.

Plusieurs points prendront ainsi la température du milieu ambiant : en haut du flotteur, vers son milieu, à hauteur de la cabine, près du guiderope. Cela donne des indications précises sur la température aux différentes profondeurs traversées, et sur les différences éventuelles à proximité du fond.

Mais il est aussi nécessaire d'observer la température de l'essence dans les flotteurs. Il faudra conserver une réserve de lest suffisante pour pouvoir compenser l'alourdissement provoqué par le refroidissement de l'essence dû aux basses températures que l'on rencontre au fond. Lors de la montée, l'essence déjà froide se refroidira davantage par suite de sa dilatation, ce qui après une plongée pourrait amener aux environs de quinze degrés sous zéro et provoquer du givrage. Pour l'empêcher on a mis des antigels dans les canalisations qui conduisent l'eau de mer aux réservoirs d'essence qu'elle remplit au fur et à mesure que celle-ci se comprime. Une circulation s'établit automatiquement autour des tuyauteries des réservoirs pendant la montée pour combattre ce refroidissement par l'eau marine. C'est l'efficacité de ces opérations qui doit être surveillée au moyen des thermocouples.

La prise d'échantillons d'eau aux grandes profondeurs posait un problème délicat : le robinet qui admettait l'eau dans la cabine devait, tout en résistant aux fortes pressions, laisser entrer l'eau sans qu'elle soit laminée, ce qui aurait changé ses propriétés biologiques, en détruisant mécaniquement les organismes délicats en suspension dans cette eau, et même peut-être ses propriétés physicochimiques. Pour éviter ce laminage de l'eau destinée aux observations, les constructeurs ont mis au point un appareil de freinage.

Imaginez un cylindre de deux cent cinquante centimètres cubes, muni d'un piston sans bielle, ayant une course de treize centimètres. A chaque extrémité du cylindre sont adaptés deux robinets à vis et presse-étoupe, dont la robustesse permet une résistance à des pressions de l'ordre de quatre cents atmosphères. Le tout est construit en acier inoxydable. L'un des robinets reliés à la partie inférieure du cylindre communique avec l'extérieur de la cabine au moyen d'un tuyau en fer doux d'un diamètre extérieur de huit millimètres et intérieur de trois millimètres. L'autre, robinet de sortie ou de vidange, est à grande section. D'autre part, les deux robinets supérieurs ne laissent passer de l'eau que sous pression et le liquide est alors laminé. L'un de ces robinets (robinet de freinage) communique avec un vase d'expansion gradué, lequel est en outre relié directement au cylindre par le robinet d'admission supérieur.

Examinons maintenant le fonctionnement de l'instrument. Le bathyscaphandrier ouvre tout grand le robinet inférieur d'admission. L'eau de mer sous pression fait monter dans le cylindre le piston qui refoule l'eau située dans la partie supérieure. Sa course est limitée par le fait que cette eau doit passer par le robinet de freinage et qu'ainsi elle ne monte que lentement dans le vase d'expansion. Là, son niveau indique le moment où le piston est à fond de course. A cet instant, le bathyscaphandrier ferme le robinet d'admission inférieur, et ouvre les deux autres (admission supérieure et vidange), le robinet de freinage restant dans la même position. Que se passe-t-il alors ? L'eau de mer admise dans la partie inférieure du piston s'écoule dans la bouteille d'échantillon par le robinet de vidange. Le piston redescend. La partie supérieure du cylindre se remplit de l'eau qui se trouvait dans le vase d'expansion et qui rentre cette fois par le robinet d'admission supérieur. Cette eau a été laminée dans le robinet de freinage, mais elle a amorti la montée du piston, tandis que l'eau admise de l'extérieur de la cabine, qui a pu se répandre librement dans le cylindre, n'a pas subi de modification et garde toutes ses caractéristiques.

On remet l'appareil en ordre de marche en refermant les deux robinets (le robinet de freinage n'étant fermé que si le robinet d'admission inférieur ne fonctionne plus parfaitement).

On peut craindre que le piston ne se grippe si des grains de sable se coincent entre lui et sa chemise. Aussi ne prélève-t-on des eaux du fond qu'après avoir pris suffisamment d'échantillons d'eau claire. Si le piston se grippait, l'appareil serait démonté avant la plongée suivante dans l'atelier du bord et remis en ordre de marche. Remarquons avant de terminer cette description que le piston circule dans une chemise séparée du cylindre par un espace communiquant avec la chambre intérieure de celui-ci, de sorte que les pressions s'équilibrent de chaque côté de la chemise : ainsi celle-ci et le piston se déforment dans le même rapport et continuent à être adaptés l'un à l'autre.

La première pensée qui vient à l'esprit, à l'idée d'un robinet destiné à admettre de l'eau de mer *dans* la cabine, est évidemment celle-ci : "Et si le robinet refusait de se refermer ?" Mais tout est prévu et calculé, et à mon innocente question, l'un des constructeurs me rassure en m'affirmant, tout en mettant la main à la hauteur de son sternum, que, compte tenu de la section du robinet et de la vitesse de remontée de l'engin, à l'arrivée en surface "nous n'en aurions que jusque-là"...

Le renseignement est précis à souhait, mais il ne me rassure qu'à demi : voici en tous les cas un petit robinet que je ne suis pas très spécialement pressé de voir taquiner...

A mi-hauteur de la poupe du flotteur, on remarque une tige fixée à la coque, qui peut soit être relevée au repos, soit s'en écarter horizontalement lorsque l'appareil est en ordre de marche.

A l'extrémité de ce bras long de deux mètres environ, se trouve la boîte contenant la boussole ainsi que le moulinet du tachymètre.

La boussole ne pouvait pas se trouver à l'intérieur ni dans le voisinage de la cabine, car les parois d'acier l'auraient empêchée de fonctionner normalement. C'est pour cette raison qu'elle est placée à deux mètres du flotteur. La lecture se fait à l'intérieur de la cabine par transmission électrique.

Le tachymètre, lui, sert à mesurer la vitesse à laquelle le bathyscaphe se déplace dans le sens vertical. Il fallait aussi le mettre à distance du flotteur pour que ses indications ne soient pas perturbées par le voisinage de celui-ci.

Lorsque le sous-marin descend, le moulinet tourne dans un sens déterminé, et en sens inverse lorsque le bathyscaphe remonte. La vitesse de rotation est proportionnelle à la vitesse du déplacement. Un contact électrique transmet, suivant le sens de la rotation, le courant à l'une ou à l'autre des ampoules témoins du tableau de bord. L'idée primitive, qui était de relier le moulinet à un haut-parleur indiquant par des signaux en morse la montée ou la descente, a été abandonnée, le bruit étant plus incommodant que le clignotement d'une lampe verte ou rouge. Lorsque le bathyscaphe descend, c'est une lampe rouge qui s'allume. Des pulsations plus ou moins rapides dans l'intensité de la lumière indiquent en outre la vitesse de la descente. Dès que l'appareil remonte, c'est la lampe verte qui s'allume, faiblement d'abord, puis avec des pulsations dont la rapidité et l'éclat dépendent de la vitesse ascensionnelle.

V. LE REPÉRAGE DU BATHYSCAPHE

Il est important, avant les plongées, de connaître la résultante des courants qui pourraient éventuellement faire dériver le bathyscaphe pendant sa descente et lors de sa montée en surface.

Celui du professeur Piccard

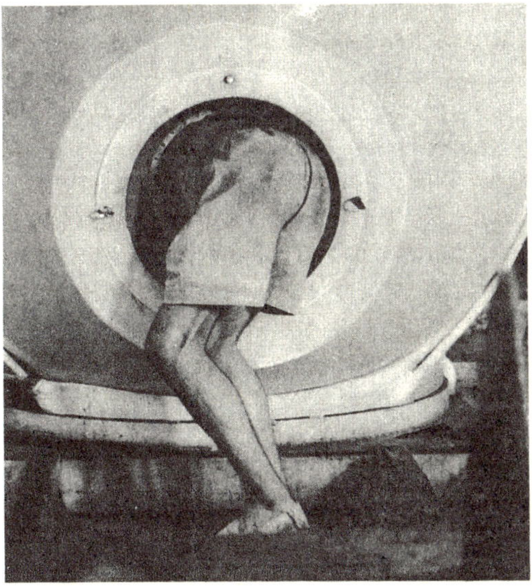

Le mien

Celle du professeur Piccard

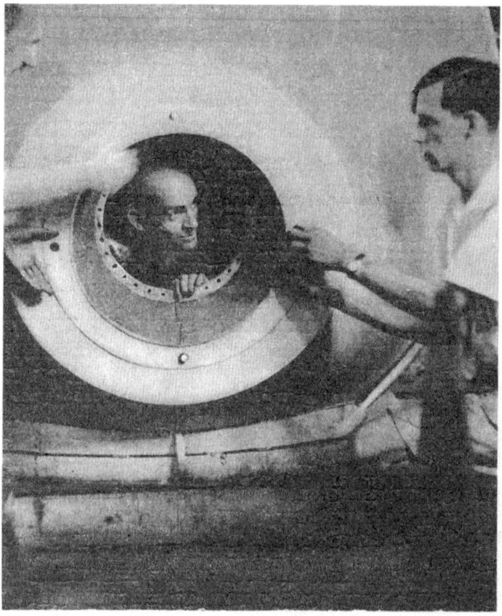

La mienne

MM. Piccard et Cosyns comptaient employer pour cela des bouées-pilotes qui, lancées du *Scaldis*, descendent au fond et remontent, donnant, après avoir été repérées au télémètre, des indications sur les courants. Ces bouées-pilotes sont composées d'un réservoir d'essence muni d'un poids qui les entraîne vers les profondeurs mais qui se décroche au contact du fond. A leur partie supérieure se trouve un tube de cordite en communication avec l'essence. Le sommet de ce tube, qui est bouché, est entouré d'un panier en grillage contenant du phosphore blanc.

Lorsque la bouée s'est délestée de son poids au contact du fond, elle remonte en surface. Là, le phosphore s'enflamme au contact de l'air et met le feu à la cordite. Le tube se débouche, l'essence s'échappe en un jet qui prend feu au contact du phosphore. Pendant quelques instants, ces flammes attirent l'attention et à l'aide du télémètre de DCA allemand installé sur la passerelle du *Scaldis*, on mesure la distance de la bouée au navire. En tenant compte de la dérive de celui-ci, on en déduit la résultante des courants.

Le sous-marin emporte, d'autre part, quatre bouées proprement dites. Il s'agit également d'un réservoir d'essence cylindrique, muni d'une tige dirigée vers le bas ayant à son extrémité un contrepoids (boîte contenant des piles électriques). Au sommet de ce réservoir se dresse une autre tige terminée par une lampe protégée contre les pressions. Ces bouées sont placées sur la coque du flotteur, pourvue de quatre étuis verticaux dans lesquels elles sont maintenues à l'aide d'un petit fil d'acier isolé. Pour lâcher la bouée, dont les tiges sont pliées horizontalement au repos, on fait passer du courant dans ce fil. Par électrolyse, il se dissout en quelques secondes et plus rien ne retient la bouée qui remonte vers la surface. Un double contact automatique au mercure (position verticale de la tige et diminution de la pression entrant ici en jeu) fait alors fonctionner la lampe. Ces quatre bouées s'allument successivement, jalonnant la route du sous-marin au cas où l'asdic n'aurait pas permis de le suivre. Au passage, le *Scaldis* repêche les bouées qui doivent servir encore pour les plongées ultérieures.

Sur la coque du sous-marin sont fixés en outre quatre "canons" lance-fusées. Trois de ceux-ci peuvent lancer une fusée classique quand le *FNRS-2* est en surface. Ces canons sont au fond de tubes résistant à la pression et munis d'un couvercle en assurant l'étanchéité. Une première charge commandée électriquement de l'intérieur de la cabine ouvre le couvercle du canon et allume la charge proprement dite placée sous la fusée. La fusée elle-même s'allume alors et va exploser à une centaine de mètres de hauteur, en faisant du bruit, dégageant une flamme et de la fumée. Ce feu d'artifice se termine par une série d'étoiles qui retombent lentement. Le quatrième canon renferme une charge qui éparpille autour du sous-marin une quantité importante de fluorescéine en poudre, laquelle, retombant à l'eau, colore celle-ci en vert. Cette tache, qui peut s'étendre sur une surface d'un demi-kilomètre carré, est destinée à permettre le repérage par avion à grande distance.

Pour faciliter le repérage nocturne, certaines parties faisant saillie au-dessus de la coque ainsi qu'un drapeau métallique placé au mât de l'antenne sont enduits d'une préparation (Scoth-Lite) contenant une multitude de minuscules billes de verre qui renvoient la lumière du côté d'où elle vient, procédé à rapprocher des "œils-de-chat" en verre dont sont munis les poteaux signalisateurs le long des routes.

Le *Scaldis* est muni d'un phare équipé d'une lampe de mille watts qui peut promener son faisceau de lumière sur la surface des eaux. Dès que la superstructure du *FNRS-2* reçoit cette lumière, elle la renvoie au navire qui repère ainsi plus facilement le bathyscaphe.

Lorsque après une plongée, le bathyscaphe affleure à la surface, son flotteur n'émerge pas beaucoup et n'est que peu visible. Pour augmenter la facilité de repérage, il faut le faire émerger un peu plus. Cela se fait par l'emmagasinage automatique d'air dans le haut de la coque qui recouvre les flotteurs, en utilisant les mouvements de la mer.

A cet effet, un reniflard a été adapté dans la partie centrale de l'enveloppe des flotteurs : c'est une simple soupape à sens unique, qui laisse entrer l'air au moment où le flotteur du bathyscaphe, animé d'un mouvement de va-et-vient vertical par suite de la houle, émerge avant de s'enfoncer de nouveau dans les flots. Alors la soupape se referme, et l'air qu'elle a admis est emprisonné entre l'intérieur de l'enveloppe et la surface de la mer. En quelques "coups de pompe" la quantité d'air retenue sous la coque est suffisante pour faire émerger celle-ci de cinquante centimètres.

Ajoutons qu'une lumière blanche a été placée tout en haut de l'antenne, qui surmonte le flotteur de quatre ou cinq mètres, afin de faciliter le repérage de l'engin en surface.

Le *FNRS-2* arrive en surface. Il ne dispose plus des ultra-sons et doit maintenant entrer en communication avec le *Scaldis* au moyen de la radio. Dans ce but, il a été équipé d'un poste à ondes courtes d'un modèle standard (l'une des rares choses qui soient standard à son bord) pouvant émettre et recevoir en morse sur une longueur d'onde d'environ vingt-neuf mètres. L'antenne surmonte la coque des flotteurs de cinq ou six mètres et est isolée dans sa partie immergée par une conduite d'huile longeant les tubes d'aération.

Le pilote émet un signal. Sur le *Scaldis*, l'opérateur chargé des communications par ultra-sons est à l'écoute et perçoit l'appel en haut-parleur. Son récepteur est, en outre, muni d'un appareil de repérage qui lui indiquera la direction du signal. Il s'agit du système de Watson-Watt : une antenne de réception directionnelle à support fixe (antenne d'Adkok) a été placée sur le point le plus élevé du *Scaldis* (le mât arrière du bateau), de manière à avoir d'une distance aussi grande que possible une réception directe, c'est-à-dire sans réflexion dans l'ionosphère. Le récepteur du *Scaldis* est, en outre, muni d'un oscillographe à rayons cathodiques d'un diamètre de trois pouces, qui forme une sorte d'œil magique. Celui-ci indiquera par un trait vert apparaissant à un endroit déterminé de la calotte du tube, entre le centre et le bord, la direction de l'émission captée. Ce trait est d'autant plus apparent que la réception est meilleure. Sa lecture se fait à travers un cadran gradué qui permet de déterminer directement l'azimut.

L'opérateur du *Scaldis* répond alors au bathyscaphe à l'aide d'un petit émetteur travaillant sur une fréquence différant d'un kilocycle de celle de l'émetteur du bathyscaphe. A l'intérieur de la cabine, ce signal s'entend dans le casque d'écoute, le même qui sert pour les ultra-sons (le manipulateur de morse sert également aux deux).

Le goniomètre était exclu pour ce travail de repérage pour plusieurs raisons : il donnait l'orientation mais pas la direction de l'émission (d'où erreur possible de cent quatre-vingts degrés), ne donnait de bons résultats que sur ondes longues (et le bathyscaphe ne peut émettre que sur ondes courtes) ; enfin, sa manipulation est plus compliquée qu'une simple lecture sur l'oscillographe décrit plus haut.

VI. OBSERVATION ET CAPTURES

Les fonds étant plongés dans une obscurité parfaite, il était nécessaire de prévoir un éclairage, 1 : des abords du sous-marin, permettant les observations et les photographies, et 2 : de l'intérieur

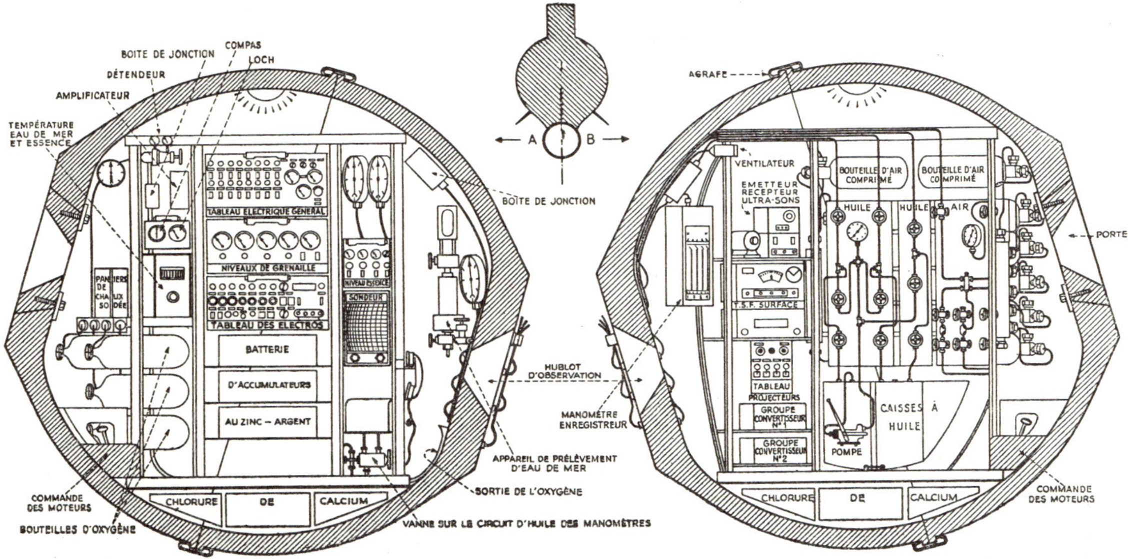

(A) Côté tribord
(en surface)

COUPE SCHÉMATIQUE DE LA SPHÈRE DU FNRS-3

(B) Côté bâbord
(en surface)

pour le maniement des commandes et des instruments d'observation (cf. page 58).

L'éclairage extérieur est assuré par quatre phares (deux à l'avant, deux à l'arrière) munis de lampes de mille quatre cents watts (quatre mille cinq cents bougies environ) d'une durée de vie de cent heures en voltage normal (vingt-quatre volts) et de dix heures lorsqu'elles sont survoltées (vingt-huit volts). En fait, il n'y aura jamais plus d'une lampe qui brûlera à un moment donné. En outre, une lampe-éclair située entre les deux phares de proue donne un flash d'un millionième de seconde d'une intensité d'environ cent vingt millions de bougies, permettant la photographie d'objets situés jusqu'à douze mètres du foyer lumineux.

Ces phares fixés sous le flotteur devaient pouvoir résister aux fortes pressions des profondeurs. A cet effet, ils sont formés d'une boîte cylindrique de dix centimètres de diamètre, haute de quarante centimètres environ, aux épaisses parois d'acier. En haut, cette boîte est fermée par un couvercle en acier laissant passer deux fils conducteurs par deux cônes en plexiglas, tandis que le bas est muni d'une fenêtre conique en plexiglas qui laissera passer la lumière tout en protégeant la lampe contre la pression. Cette lampe, de forme tubulaire, qui se trouve à l'intérieur de la boîte, est séparée de la paroi d'acier par un circuit fermé d'eau destinée à la refroidir. Cette eau n'est pas en contact avec le plexiglas, elle est retenue à l'extrémité de la lampe par une ventouse en verre se trouvant dans une chambre aux parois rondes et argentées qui fait office de réflecteur. Entre la ventouse et le plexiglas se trouve encore une lentille convexe qui ramène tous les rayons lumineux divergents en un seul faisceau.

Une lampe de trente watts est, en outre, fixée à proximité du hublot de proue pour en éclairer les abords immédiats. Sa protection contre la pression se fait de la même façon.

Une série de dispositifs originaux, construits par le Groupe d'études et de recherches sous-marines, étaient destinés à faciliter la capture des animaux ou la récolte des sédiments. C'est ainsi qu'il y avait une batterie de harpons empoisonnés et dont la ligne s'enroulait automatiquement sur son tambour, une sorte de pelle à couvercle-clapet que Cousteau avait irrévérencieusement baptisée le "ramasse-miettes", etc.

Cette longue description prouve, en tous les cas, que les inventeurs et constructeurs du bathyscaphe avaient réellement songé à tout, avec une ingéniosité à laquelle il convient de rendre hommage.

Mais en négligeant d'accorder toute son importance à la réalité marine qui devait avoir, on ne l'a que trop vu, son mot à dire, comme le montrera la suite de ce récit.

Des trésors de science et de sagacité avaient été libéralement dépensés pour la création du *FNRS-2*, mais parfois, peut-être, pour des détails qu'à la naissance d'un personnage de semblable calibre on est en droit de regarder comme secondaires. En première urgence : les organes essentiels, le reste pouvait attendre. Si je veux une voiture efficace, je songerai, d'abord, au châssis et au moteur ; le poudrier et l'allume-cigarettes seront des perfectionnements ultérieurs.

*

La tentative de 1948 se soldait par un échec. Mais entendons-nous bien : si des défauts graves avaient été décelés dans la construction ou le mode d'emploi du *FNRS-2*, le principe même de son fonctionnement demeurait intact. Nous pouvions être cruellement déçus, nous savions que tôt ou tard l'idée serait reprise et, cette fois-là, s'incarnerait dans un engin qui, tenant compte des enseignements de nos premiers essais, ferait beaucoup mieux. Nous savions que, tôt ou tard, rieurs et moqueurs en seraient pour leurs frais. Ils ne devaient pas tarder à le constater, car, très vite, le projet d'une refonte du *FNRS-2*, et de sa transformation en *FNRS-3* par la construction d'un flotteur neuf, tout différent de l'ancien, prend corps. Grâce aux persévérants efforts conjugués de Claude Francis-Bœuf et du commandant Cousteau, une entente, explicitée par un contrat, intervenait en octobre 1950 entre le Fonds national de la recherche scientifique belge, le Centre national de la recherche scientifique, le Centre de recherches et d'études océanographiques et la marine française, chargée de la construction de l'appareil et de sa gestion technique. La marine se met au travail en janvier 1951 (ingénieurs du génie maritime Gempp puis Willm) et le 13 juin 1953 le nouveau bathyscaphe est mis à l'eau pour la première fois. Puis se succèdent les plongées suivantes :

17 juin : 13 m (bassin de l'Arsenal de Toulon).
19 juin : 30 m (environs de Toulon).
29 juillet : 500 m (à vide).
5 août : 1 500 m (à vide).
6 août : 750 m (Houot et Willm).
12 août : 1 500 m (Houot et Willm).
14 août : 2 100 m (Houot et Willm).
15 septembre : 1 225 m (Houot et Cousteau).

Le 24 septembre avait lieu la remise à la France, qui en devient propriétaire, du bathyscaphe, par le Fonds national de la recherche scientifique belge (FNRS) auquel il avait appartenu jusque-là. Puis, c'est la série des plongées dakaroises :

21 janvier 1954 : 700 m (Houot et Willm).
27 janvier 1954 : 4 100 m (à vide).
15 février 1954 : 4 050 m (Houot et Willm).
18 avril 1954 : 850 m (Houot et Monod).
22 avril 1954 : 1 400 m (Houot et Monod).

Le *FNRS-3*[1] a hérité de son prédécesseur, le *FNRS-2*, un organe essentiel, la cabine. Il est donc inutile de revenir sur la description de cette dernière, dans laquelle on a réussi à faire tenir : une batterie d'accumulateurs à l'argent et au zinc de deux cents ampères par heure, les tableaux de commande électrique, une station d'air comprimé pour la vidange du sas, manomètres, indicateurs de faible profondeur, indicateur de grande profondeur, télécommande des moteurs, indicateurs de niveau d'essence, de grenaille, thermomètres, indicateurs de voie d'eau dans les réservoirs, indicateur de vitesse verticale, compas magnétique, un dispositif de régénération d'air comprenant une réserve de chaux sodée pour l'absorption du CO_2 et quatre bouteilles d'oxygène permettant à deux hommes de vivre vingt-quatre heures environ.

Destiné au logement des soixante-dix-huit mille litres d'essence, le flotteur est compartimenté en un certain nombre de réservoirs, tous reliés par tuyauteries à un réservoir de compensation où peut pénétrer librement l'eau de mer extérieure. L'essence est ainsi toujours à la pression ambiante.

L'essence est plus compressible que l'eau de mer et a un coefficient de dilatation plus fort ; une fois le mouvement de descente amorcé, il va en s'amplifiant, du fait de la diminution de volume du fluide sustentateur ; de même, *mutatis mutandis*, pour la remontée. Le bathyscaphe s'enfonce à une vitesse de vingt-cinq centimètres par seconde au début de sa plongée ; il lui est nécessaire de s'alléger en larguant du lest au fur et à mesure de sa descente, car à huit cents mètres sa vitesse est déjà de trente-cinq centimètres par seconde.

1. Les notes techniques qui suivent m'ont été communiquées par l'ingénieur Willm que je tiens à remercier ici de son obligeance.

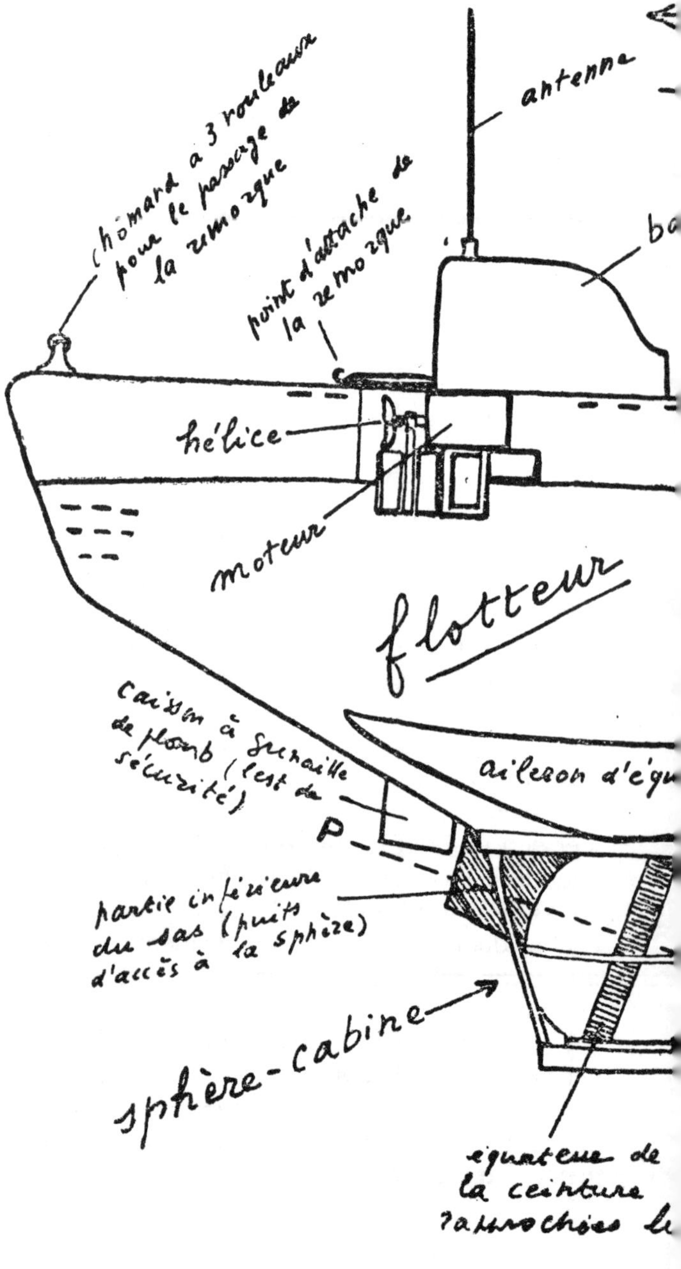
chômard a 3 rouleaux pour le passage de la remorque
point d'attache de la remorque
antenne
hélice
moteur
flotteur
caisson à grenaille de plomb (lest de sécurité)
P
aileron
partie inférieure du sas (puits d'accès à la sphère)
sphère-cabine
équateur de
la ceinture

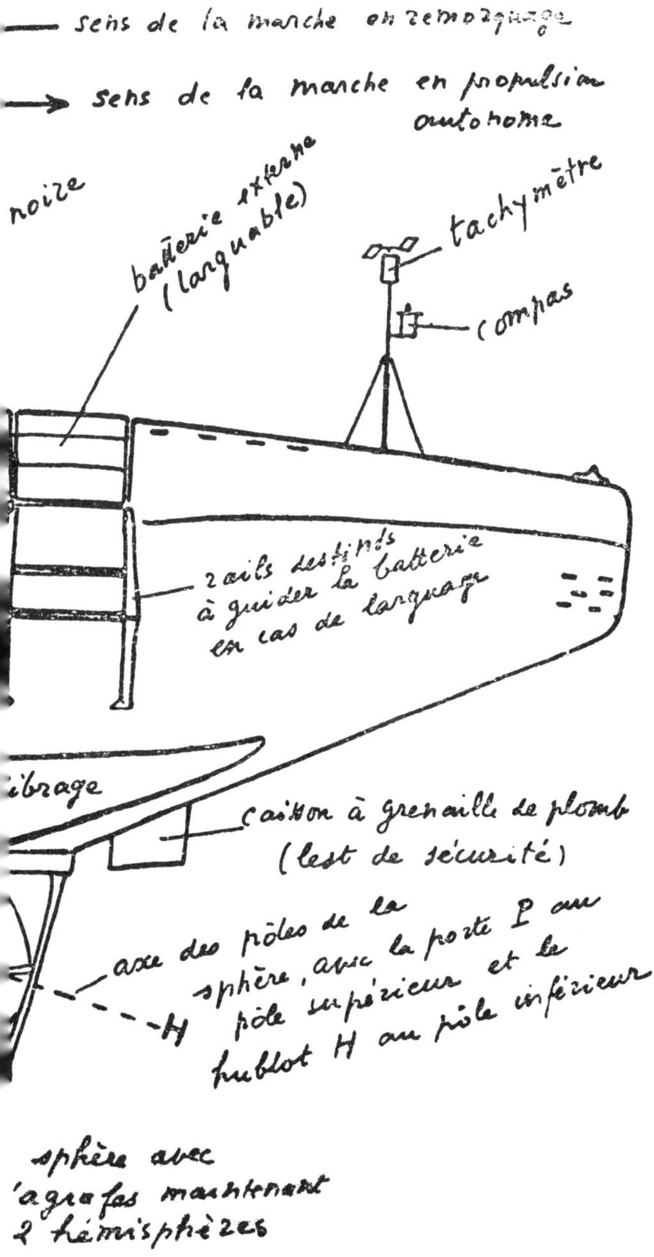

Schéma du *FNRS-3*

Le flotteur est en tôle d'acier de quatre millimètres d'épaisseur, de forme cylindrique dans la région centrale et tronconique aux deux extrémités. Il est compartimenté en treize réservoirs (dix pour contenir l'essence, deux jouant le rôle de réservoirs de compensation, le dernier contenant une réserve d'essence qu'il est possible aux passagers de larguer en tout ou en partie pour alourdir l'appareil à la suite, par exemple, d'un lâcher de lest trop important).

Le flotteur est traversé de haut en bas : 1. par le sas d'accès à la sphère ; 2. par quatre puits verticaux destinés à recevoir la grenaille de fonte ; 3. par un puits vide en libre communication avec la mer permettant le passage des câbles électriques et des tuyautages de liaison entre le réservoir de compensation et les réservoirs arrière. Ceux de l'avant passent dans le sas.

Le flotteur est muni de chaque côté d'ailerons, destinés à améliorer la stabilité de l'engin pendant ses évolutions. Sous le flotteur sont accrochés deux caissons à fond ouvrant, maintenus par des électro-aimants et contenant de la grenaille de plomb.

A la partie supérieure du flotteur et derrière la baignoire sont fixées par électro-aimant les batteries. En cas de danger, le courant des électroaimants est coupé et les batteries, en glissant sur des rails, tombent, allégeant d'autant l'appareil. La sphère est solidement attachée au flotteur par un véritable panier métallique.

Le flotteur est surmonté d'une passerelle dont le but est d'accroître : 1. la flottabilité de l'engin ; 2. le profilage de sa carène.

Au centre de la passerelle une baignoire protège des embruns l'accès du sas, le personnel embarqué pendant le remorquage et différentes boîtes de fonction électrique.

Les lests permettent aux passagers du bathyscaphe de diminuer à volonté le poids apparent de l'engin et de provoquer la remontée.

Ils se divisent en deux catégories :

a) le lest de manœuvre, composé de grenaille de fonte, contenue dans quatre puits verticaux traversant le flotteur, est retenu par simple attraction d'un électro-aimant dans l'entrefer duquel se forme un véritable bouchon. Il est possible de lâcher le lest en petite quantité contrôlable par simple suppression du courant dans les bobines de l'électro-aimant ;

b) le lest de sécurité, constitué de grenaille de plomb, de batteries extérieures et d'un guiderope, maintenu aussi par électro-aimant. On remarquera qu'une avarie sur l'équipement électrique, entraînant la mise hors tension des différents électro-aimants, provoque un lâcher du lest et la remontée immédiate du bathyscaphe.

Le guiderope est une chaîne de dix mètres pesant environ cent cinquante kilos. Il permet au bathyscaphe de se maintenir près du fond sans mouvement de grenaille ou d'essence. En effet, si l'appareil descend, une longueur de chaîne prend appui sur le fond et, allégeant d'autant le bathyscaphe, diminue sa tendance à descendre.

Le sas permet aux passagers d'accéder – en surface – à la sphère suspendue sous le flotteur. Il donne, d'autre part, une flottabilité de trois tonnes environ, indispensable pour la tenue en surface. Il joue aussi exactement le rôle de water-ballast d'un sous-marin, car la plongée du bâtiment est obtenue par simple remplissage de ce sas par l'eau de mer.

Les installations électriques comprennent :

1. la batterie au zinc-argent qui est à l'intérieur de la sphère, alimentant : les électro-aimants du lest, les relais de commande des moteurs de propulsion et des projecteurs, les groupes convertisseurs vingt-quatre volts quatre cents périodes pour l'alimentation des appareils de mesure, l'éclairage intérieur, le sondeur, l'émetteur-récepteur ultra-sonore ;

2. le batterie d'accumulateurs au plomb vingt-huit volts mille ampères par heure, contenue

dans deux caissons remplis d'huile et soumis à la pression ambiante, assure l'alimentation des moteurs et des projecteurs ; deux moteurs d'un cheval chacun, avec un réducteur, permettent l'orientation du bathyscaphe en plongée et autorisent une certaine exploration sur un plan horizontal. Leur puissance a dû être limitée en raison du poids de la source d'alimentation.

Le bathyscaphe en plongée se déplace horizontalement, en sens contraire de son déplacement en surface.

Deux projecteurs principaux de mille watts sont placés dans des puits verticaux traversant le flotteur et permettant un éclairage puissant de la zone qui se trouve devant le hublot de la sphère.

Les projecteurs ont été placés dans des puits afin d'être aisément retirés ou contrôlés lorsque le bathyscaphe est en service.

Quatre flashes électroniques permettent la photographie.

Les moyens de communication du bathyscaphe avec le bâtiment accompagnateur sont :

En surface : radiophonie (alimentation par pile).

En plongée : appareil permettant la correspondance par ultra-sons.

Un sondeur à ultra-sons permet de mesurer la distance au fond de zéro à deux cent vingt mètres et les obstacles sur l'avant.

*

Le contrat passé en 1950 avec le FNRS stipulait que MM. Piccard et Cosyns seraient invités "à apporter, en qualité de conseillers scientifiques, leur collaboration à la marine française". Si Cosyns devait bientôt se désintéresser du projet, Piccard, au contraire, allait suivre de très près et jusqu'en janvier 1952 l'élaboration des plans et le début des travaux. Puis, reprenant sa liberté, il cessa toute collaboration avec les spécialistes français de Toulon pour entreprendre la construction d'un nouvel appareil, le *Trieste*, sur les chantiers de Monfalcone et de la Navalmeccanica à Castellamare di Stabia. La marine de guerre italienne accordait à l'entreprise toute l'aide désirable.

Que s'était-il passé ? Seul un historien impartial, doublé d'un psychologue averti, pourrait nous en informer, et encore seulement après avoir pris la peine d'entendre tour à tour les deux sons de cloche. Car, comme bien l'on pense, les mêmes faits risquent de se voir décrits avec une optique assez différente par les uns ou par les autres, chacun estimant, en toute bonne foi, les torts unilatéraux. Je n'ai, certes, nulle intention de m'aventurer à juger un débat dont il appartient aux principaux intéressés, s'ils l'estiment utile, de nous ouvrir le dossier.

Il n'est d'ailleurs pas besoin d'être grand clerc pour deviner combien une symbiose efficace devait *a priori* s'avérer difficile entre des partenaires si différents à tant d'égards, combien la fantaisie et l'indépendance du vieux savant devait se trouver tôt ou tard en conflit avec une biocénose fortement hiérarchisée et où prévaut, par définition, l'argument d'autorité.

Des originaux fieffés du calibre du professeur Piccard s'accommoderont mal d'une discipline quasi conventuelle. Un personnage aussi pittoresque, digne du crayon de Töpffer ou de Christophe, bouillonnant d'idées presque à l'excès, sans cesse occupé à faire jaillir d'un tison en apparence assagi une nouvelle gerbe d'étincelles, se pliera difficilement aux austères exigences d'une corporation minutieusement organisée et au sein de laquelle, de surcroît, un étranger, doublé d'un universitaire et d'un civil, éprouvera sans doute quelque peine à se sentir dès l'abord parfaitement à l'aise.

Ceci dit, nous devons aux circonstances qui ont amené Piccard à interrompre ses visites à Toulon la construction d'un second bathyscaphe. Il n'y a pas lieu de s'en plaindre : dix, vingt, cinquante bathyscaphes ne seront pas de trop pour permettre aux savants l'accès des profondeurs sous-marines. Il y a de la place et du travail pour une flotte de bathyscaphes, que je souhaiterais d'ailleurs plus ou moins internationale, et largement ouverte aux collaborations scientifiques les plus étendues et des plus diverses origines.

En attendant, le *Trieste* de Piccard a procédé jusqu'ici aux plongées suivantes[1] :

11 août 1953 : 16 m (A. et J. Piccard).
14 août 1953 : 40 m (A. et J. Piccard).
26 août 1953 : 1 080 m (A. et J. Piccard).
30 sept. 1953 : 3 150 m (A. et J. Piccard).
2 oct. 1953 : 660 m (J. Piccard et V. A. de Sanctis).

Sa carrière, on peut en être assuré, ne s'arrêtera pas là : ou je me trompe fort, ou nous le verrons un jour, et bientôt peut-être, rentrer en lice, et, on doit l'espérer, pour des plongées d'exploitation scientifique plutôt que pour de nouvelles courses au record. Ou alors, que les bathyscaphes aillent tout de suite au plus profond de la fosse la plus creuse du Pacifique et qu'on n'en parle plus : la question sera liquidée, et l'activité de ces appareils pourra dès lors, sans nul souci de progrès nouveaux dans le nombre de kilomètres à dégringoler, se tourner exclusivement vers la science, ce qui est, somme toute, leur véritable et exclusive destination.

1. Renseignements aimablement fournis par Jacques Piccard (*in litt.*, 14-03-1954).

V

EN SCÈNE POUR LE UN !

Soyez béni de faire pénétrer l'œil de l'esprit dans les abîmes.

LÉVIATHAN à A. PICCARD, Paris,
7 octobre 1948.

Une cheminée noire à bande rouge, au milieu de beaucoup d'autres. Dans le port de Dunkerque est venu s'amarrer, le 16 septembre 1948, un petit cargo belge, le *Scaldis* : dans ses flancs s'engouffrent, pour Dakar, des planches, des vitres, des rails, des fûts métalliques et sonores. Deux des cales avalent à pleine gueule un tonnerre de ferraille ; la troisième, muette, est demeurée close. C'est tout juste si elle s'est enhardie jusqu'à retrousser un pudique petit coin de sa bâche, découvrant un mystérieux escalier qui se perd dans de silencieuses ténèbres.

C'est insolite. Si on allait voir ? Au bout de quelques marches, arrêt sur un premier plancher, celui de l'entrepont. La vue, de là, plonge dans la cale elle-même et voici qu'apparaît, tapi dans l'ombre et émergeant de celle-ci, le dos orangé d'on ne sait quel étrange et indéfinissable objet. C'est un peu bombé, couronné d'appendices, vaguement fusiforme en plan et cela se continue, vers le bas, par de blanches parois verticales, laissant apparaître, à leur limite inférieure, une hélice de chaque bord.

Un second escalier va nous mener, d'un trait, jusqu'à l'affaire, qui nous domine alors de ses sept mètres de hauteur. Une fois en bas, au fond de la cale, on découvre, collée à la face inférieure du grand “machin” bicolore, une boule blanche, creuse, et dans l'intérieur éclairé de laquelle un homme, inlassablement, travaille. C'est Max Cosyns, occupé, avec sa méthodique et consciencieuse patience, à vérifier quelque contact électrique.

Autour du *FNRS-2*, solidement saisi et fixé par une série de haubans, tout un atelier et tout un arsenal : le matériel de l'expédition. Celui des plongées proprement dites, le lest, les batteries, et tous les accessoires prévus, plus ingénieux les uns que les autres. Celui des recherches océanographiques et biologiques, un champ de caisses et d'appareils : sondeurs, thermomètres, câbles, produits chimiques, flacons et bocaux, filets, dragues, nasses, lignes, harpons automatiques, etc.

La cale qui paraissait morte est au contraire le théâtre d'une incessante activité. Car, on le constate, le bathyscaphe n'est terminé que pour l'essentiel : il reste bien des travaux à effectuer, des montages à entreprendre, des appareils à essayer, des détails à mettre au point. La cale est devenue une véritable usine où d'infatigables ouvriers, mettant les bouchées doubles, et travaillant souvent de nuit, s'efforcent d'achever au plus vite les préparatifs du bathyscaphe.

Convié à participer aux expériences comme utilisateur, et totalement étranger aux problèmes de fabrication ou de réglage, je n'en conçois aucune inquiétude : n'y a-t-il pas toujours quelque détail de la dernière heure à préciser ? Rien d'anormal à cela et il n'est que d'attendre l'arrivée sur les lieux des plongées prévues pour voir enfin comblé notre grand désir de pénétrer dans le monde nouveau dont l'accès nous était promis.

Ces dix jours de mer, de Dunkerque à Dakar, s'ils sont avant tout de la “route” et un temps mort pour la recherche, permettront à la fois ces ultimes perfectionnements techniques et – non moins important – la transformation d'un groupe d'êtres humains dont beaucoup hier encore s'ignoraient en une amicale équipe.

Le carré semble d'ailleurs avoir été fait sur mesure : en tous les cas, ses deux tables comportent chacune six places et nous sommes douze.

La composition est très variée de ce petit groupe rassemblé pour quelques semaines par le hasard et dont les membres vont, à des titres divers, vivre maintenant une commune aventure.

On pardonnera peut-être au naturaliste de céder ici, une fois encore, à un goût quasi professionnel de la classification et de soumettre à sa manière les membres de l'expédition aux lois de la nomenclature zoologique.

Famille : BATHYSCAPHIDAE

I. Sous-famille : PRINCIPINAE.
(Les Animateurs)

Genre unique : *Bathydux* (Chef Abyssal).
Deux espèces :
a) Bathydux longissimus var. *tetrophthalmus* (Le Chef Abyssal très long var. Quatre-z-Yeux[1]) ;
b) Bathydux claviger var. *troglophila* (Le Chef Abyssal Porte-Clef[2] var. Aime-Cavernes[3]).

II. Sous-famille : ADJUTORINAE
(Les Auxiliaires)

Trois genres :
1. Genre *Maricava* (Creuse-Mer) ;

1. Les lunettes d'A. Piccard ont quatre verres.
2. Anglaise, bien entendu.
3. Allusion à la cale du *Scaldis*, dans les profondeurs de laquelle M. Cosyns a passé tant de laborieuses journées.

Trois espèces :
a) Maricava petricola (Le Creuse-Mer pétricole[1]) ;
b) Maricava nicotino-limicola (Le Creuse-Mer tabaco-vaseux[2]) ;
c) Maricava trichosternum (Le Creuse-Mer à poitrine velue[3]).
2. Genre *Zooscopus* (Bigle-Bêtes[4]) ;
Trois espèces :
a) Zooscopus acutirostris var. *pilosigenae* (Le Bigle-Bêtes acutirostre var. à rouflaquettes[5]) ;
b) Zooscopus piscator (Le Bigle-Bêtes pêcheur[6]) ;
c) Zooscopus africanus var. *vocifer* (Le Bigle-Bêtes africain var. criarde[7]).
3. Genre *Ichthyanthropus* (Homme-Poisson) ;
Deux espèces :
a) Ichthyanthropus gersicola var. *cogitabunda* (L'Homme-Poisson habitant du GERS[8] var. méditative[9]) ;
b) Ichthyanthropus cultellus (L'Homme-Poisson Couteau[10]).

III. Sous-famille : TECHNOCRATORINAE
(Les Techniciens)

Genre unique : *Oceanodroma* (Court-Mer).

1. Ne signifie nullement, malgré les apparences, que l'espèce vive dans les pierres, mais qu'elle se livre à des besognes impliquant un fréquent usage de la verrerie de laboratoire et, en particulier, des boîtes de Petri : Mme M. Cosyns est chimiste.
2. Mon bon camarade et ami Claude Francis-Bœuf, spécialiste de l'étude des sédiments et, singulièrement, des vases, qui nous a été enlevé depuis par un accident d'avion.
3. G. Berrit, océanographe français.
4. Ou : B. B.
5. Jean-Louis Van den Eeckoudt, zoologiste belge.
6. Georges Marlier, zoologiste belge.
7. T. Monod, zoologiste français ; *vocifer* par antithèse, la variété étant silencieuse.
8. GERS : Groupe d'études et de recherches sous-marines.
9. Capitaine de frégate Philippe Tailliez.
10. Commandant J.-Y. Cousteau.

Six espèces :
a) Oceanodroma artifex (Le Court-Mer artiste[1]) ;
b) Oceanodroma calamus-major (Le Court-Mer grande-plume[2]) ;
c) Oceanodroma gigantea (Le Court-Mer géant[3]) ;
d) Oceanodroma malleator (Le Court-Mer martelant[4]) ;
e) Oceanodroma officinalis (Le Court-Mer officinal[5]) ;
f) Oceanodroma polytechnica (Le Court-Mer aux connaissances multiples[6]).

Sauf erreur, cela fait seize, alors que nous ne sommes encore que douze sur le *Scaldis* : ne vous inquiétez pas, c'est exprès et j'ai fait figurer d'avance, pour ne pas avoir à y revenir, quatre de nos compagnons, deux Ichthyanthropes, un Maricave et un Océanodrome qui nous rejoindront à Dakar : seize à la douzaine, la firme *FNRS-2* et Cie fait bien les choses.

Pour l'instant, il ne s'agit encore que de rallier le théâtre des opérations. Jours identiques marqués seulement par le saut du quantième et le chiffre croissant des températures de l'air et de l'eau. Une heure le matin et une l'après-midi, je prends la garde et, lisant d'un œil la *Nouvelle Grammaire française* de Dauzat, je surveille de l'autre pour les noter les apparitions d'oiseaux de mer. L'océan est d'ailleurs passablement désertique, à peu près sans vie : de loin en loin un dauphin, une fumée, un petit pétrel noir jouant au martinet au creux des vagues qu'il égratigne de ses pattes, un poisson-volant. Peu de spectacles extérieurs. Mais les autres ne manquent pas.

1. Raphaël Algoet (photo-cinéma).
2. Henri Ghysels (presse).
3. Jacques Piccard (secrétariat).
4. Louis Ockum (mécanique).
5. Docteur Daniel Bouchet (service médical).
6. M. de Richemont (ingénieur des Constructions navales).

Et il me plaît, par exemple, aujourd'hui d'évoquer, sur cet océan ténébreux, plutôt que les voiles tartessiennes, plutôt que les galères d'Hannon, plutôt même que les caravelles henriquines, le bon père Louis Feuillet et *La Belle Femme* qui, en 1724, l'emporta vers Ténériffe. Le roi avait prescrit l'envoi aux Canaries "d'une personne accoustumée aux voyages et exercée aux observations" pour y calculer des points astronomiques. Le savant minime emporte avec lui "une lunette de 15 à 16 pieds avec les verres et les tuyaux de fer blanc, un demy-cercle d'un pied de diamètre, une chaîne de dix toises, dix livres de vif argent avec six tubes de verre", etc. On quitte Marseille le 23 avril. Le 3 mai "la journée fut belle ; chacun se réjouissait, ignorant que les biens et les maux sont si étroitement unis ensemble qu'on les voit rarement séparés". Le 5 mai, pour se consoler des vents contraires, on cherche de "petits jeux". Et on les trouve : les passagers "vuidèrent quelques petites bouteilles de liqueurs" que l'on jetait ensuite à la mer pour les tirer au fusil.

Les paris s'engagent : le marquis Del Conventillo, "connu à Paris pour les excessives dépenses qu'il y avoit faites", met au défi M. de l'Age ; ce dernier accepte et s'offre même "de casser une bouteille suspendue au bout d'une corde, à l'endroit du navire qu'il luy plairoit" : trois louis contre un, dix coups à tirer. M. de l'Age tire neuf balles et la bouteille se balance toujours "au penon de la vergue de civadière"...

Le marquis, certain de gagner, porte alors son pari à trois cents contre un : M. de l'Age "tira son coup, cassa la bouteille au goulot" et le marquis, tout surpris, "n'eut d'autre parti à prendre que de mettre la main à la bourse et compter à M. de l'Age les neuf cents livres".

Nouveau pari : "attribuant ce coup au hasard" et "embarrassé apparemment de trois louis d'or qu'il avoit dans sa poche", un marchand génois propose à M. de l'Age le même exploit en sept coups : la bouteille vole en éclats au cinquième. M. de l'Age offre alors de la casser en trois coups mais "personne n'osa plus s'aventurer, chacun estima mieux sentir son argent dans sa bourse que dans celle d'autruy".

Iles Canaries... Les lumières de Las Palmas dans la nuit. Avouerai-je mon indifférence ? D'autres admirent ou, simplement, s'intéressent au paysage. Ils ont raison mais ils m'agacent. Et j'ai tort car il fut un jour, il y a vingt-six ans, où moi aussi je découvrais les îles Fortunées. Sans doute mon jeune enthousiasme allait-il, alors, à mon insu, paraître bien puéril à de vieux routiers blasés mais qui, eux-mêmes, avaient éprouvé en leur temps de comparables émois... Et ainsi de suite, jusqu'au premier "hardi navigateur" néolithique, membre de quelque club nautique ibéro-tingitan, qui, à bord de son yacht de course *Proktokal II*, avait le premier abordé aux Hespérides, avec son épouse, deux enfants, trois chiens, un bouc, un couffin d'orge grillée, une meule dormante avec sa molette, un sachet d'herbes aromatiques ("en cas de maladie"...) et sa boîte à outils.

Mais ceci est une autre histoire, qu'il faut laisser conter à messieurs les érudits, les spécialistes, les archéologues et les historiens, appartenant de droit aux "sources autorisées" et aux "milieux généralement bien informés".

Moi, je suis mal informé, ma source est un humble pleur et le bien peu qu'on en voit sourdre le fait sans la moindre autorisation.

Aussi bien, ce soir, caché aux entrailles d'un navire dont la pulsation régulière rythme je ne sais quelle impitoyable course, n'est-ce pas à de savantes discussions que je songe. Je voudrais, sans y parvenir – ou sans oser y parvenir – redevenir un homme et dépouiller, ne fût-ce qu'un instant, dans une bouffée de sincérité, le personnage. Et me heurtant à l'impartialité du miroir, en accepter les révélations. Velléités ? Sans doute. Une fois de plus.

Les enfants modernes : chez l'un des membres français de l'expédition l'on vient à mentionner le geste généreux des assureurs de Bruxelles qui ont accepté de couvrir gratuitement les risques des bathypètes : un chiffre est cité, considérable : "Fort bien, intervient l'épouse, mais je préférerais..." – "Mais maman, dit une voix juvénile, ce sont des francs *belges*..."

Enfin voici, dans la nuit, les sept feux du Finistère africain : quatre rouges, deux blancs, un vert. Et des fusées et des feux de Bengale : son projecteur éclairant un pavillon belge, l'*Elie-Monnier*, aviso du Groupe d'études et de recherches sous-marines, s'avance à la rencontre du *Scaldis*. A l'aube, les chefs de l'expédition connaîtront les résultats de la prospection à laquelle viennent de se livrer le capitaine de corvette Tailliez et le lieutenant de vaisseau Cousteau, qui ont été aux îles du Cap-Vert y rechercher des fonds propices aux premières plongées du bathyscaphe.

Bientôt, dans un port dont les bâtiments ont arboré le grand pavois, le petit cargo est à quai, pour recevoir la visite du haut-commissaire de la République, M. Paul Béchard. Certains trouvèrent cela tout naturel. En est-on bien sûr et ne faut-il pas voir là comme un signe réconfortant du croissant intérêt porté par les pouvoirs publics à la recherche, même désintéressée ? Geste en tous les cas encourageant pour ceux qui ont assumé la tâche, parfois ingrate, de faire germer dans un sol inégalement fertile une graine à beaucoup surprenante et à certains bien inutile, celle de l'activité scientifique.

Il est vrai d'ailleurs que l'objet même de l'expédition, pour technique soit-il, n'en est pas moins propre à frapper l'imagination. Et l'intérêt se comprend d'un public friand d'inédit, sensible peut-être à la hardiesse de l'entreprise, curieux aussi d'entrevoir la silhouette légendaire d'un personnage à ce point popularisé par l'image que l'on éprouverait presque quelque déception à le découvrir si exactement semblable à ce qu'il devait être, en un mot si exagérément "bien imité"...

Aussi la conférence publique organisée sous les auspices de l'Institut français d'Afrique noire, et au cours de laquelle A. Piccard et M. Cosyns prendront la parole, fera-t-elle salle comble. Et les auditeurs amusés de cette séance n'auront pas oublié les pittoresques détails que leur offre le professeur Piccard avec ses lunettes à quatre verres, ses deux montres-bracelets et son habileté à dessiner au tableau simultanément des deux mains.

A Dakar il y a encore bien des préparatifs à achever, bien des problèmes à résoudre. Et malgré l'efficacité des concours apportés à l'expédition, en particulier par la marine nationale, le temps passe, le séjour à Dakar se prolonge beaucoup plus qu'il n'était prévu.

Retards inévitables sans doute, mais tout de même regrettables et suffisants, en tous les cas, pour faire naître en plusieurs ce sentiment d'inconfort psychologique, de malaise que provoquent toujours les incertitudes d'un programme ou d'un horaire. Et plus encore quand il s'agit d'une aventure de ce calibre, impliquant des risques indéniables. L'attente est toujours pénible quand elle entraîne une obligatoire inactivité : savoir de combien de temps l'on dispose avant le départ serait pouvoir utiliser efficacement ce délai, mais l'ignorer c'est se voir réduit à une expectative que l'on imagine chaque jour à son terme et qui quotidiennement vous reprend dans les nappes opaques, ouatées, inquiétantes de ses brouillards.

Echapper enfin au silence de ces ténèbres, escalader quelque roc, déboucher en plein ciel, voir clair et voir loin, affermir son visage face aux promesses ou aux menaces du lendemain, mais au moins, savoir...

Au bout de dix-neuf jours, j'étais rassuré : on partait.

*

Ce long séjour dakarois n'avait pas été inutile : d'abord entre Dakar et Gorée puis dans le port lui-même le bathyscaphe avait reçu un timide baptême : le néophyte, enfin, s'était partiellement mouillé, l'eau lustrale, épargnant encore un crâne orangé amoureux du soleil et rebelle aux immersions, avait clapoté autour de la cabine. Première étape : même les objets ont besoin de se voir, graduellement, habitués et convaincus. Et il était grand temps d'obtenir du *FNRS-2* qu'il daignât se convertir, fût-ce quant aux pieds seulement, à la pratique des sports nautiques.

Naturellement il y a un commencement à tout et tôt ou tard bathyscaphe et eau de mer devaient faire connaissance : mais ce que l'on s'est demandé c'est pourquoi il avait fallu attendre Dakar pour plonger l'appareil dans l'eau quand le port d'Anvers eût si volontiers accueilli ses premiers ébats aquatiques. Pourquoi ce baptême *in extremis* ? Ou bien les organisateurs, pris de court, ont manqué de temps et sont arrivés à Dakar avec une machine tout juste terminée, ou leur confiance était telle qu'ils ont eu tendance à sous-estimer l'importance de la phase des essais préliminaires.

Mais nous, pour le moment, utilisateurs ensorcelés et qui dans notre trop grande hâte de plonger n'avons même pas songé à demander : "Mais, votre machin, vous l'avez trempé dans l'eau ? Et il ne fuit pas ?", nous croyons encore à une imminente réussite. Et c'est bien pourquoi, après tant de retards successifs, après des années d'incertaine attente, nous sentons tous, ce soir, en ce brutal crépuscule qui est venu tout à coup enténébrer le môle et piqueter la nuit bleuâtre – c'est la pleine lune – de mille feux clignotant sur l'eau, que ce départ, enfin, est le vrai et que maintenant, tout de même, il va se passer quelque chose, d'informe encore sans doute, et qu'il nous est peut-être salutaire et miséricordieux d'ignorer mais, au moins, quelque chose.

Quelque chose qui se cache là-bas, vers cet occident où l'homme a si longtemps placé à la fois ses Champs élyséens "où sous un ciel toujours pur les élus de Zeus jouissent d'une félicité éternelle", les îles Fortunées, les îles des Bienheureux, séjour de la paix et de l'immortalité, et cet océan ténébreux, terreur des marins d'autrefois, tout peuplé de monstres, de merveilles et d'épouvantes.

Que réservera-t-il, cet océan, aux modernes Scaldonautes, en route pour une plus riche conquête que celle d'une toison d'or ? Chacun, secrètement, ce soir, et sans l'oser dire, se le demande. Et les adieux se font graves...

*

L'homme a fait de son mieux : la parole est maintenant à la nature. Car s'il y a l'échelle laboratoire, qui est une chose, il y a aussi l'échelle Cosmos qui peut, parfois, en être une autre. Ce sont désormais les éléments qui vont décider, les vents et la mer, des forces qui sournoisement nous ignorent.

Et naturellement, si confiant soit-on dans l'exactitude des calculs, l'habileté des constructeurs ou la résistance des matériaux, il n'est sans doute pas irrespectueux de prévoir tout, même l'imprévisible. On aura pu réduire dans une mesure très importante la marge abandonnée au hasard et à un élément difficile à mettre en équations, l'humeur de Neptune, on n'a pas pu, on ne pouvait pas entièrement l'abolir. Il est donc sage et raisonnable de songer à tout, même au pire, à l'immobilisation sur le fond sans espoir de remontée.

Que faire ? Accepter une lente asphyxie dans l'étroit cercueil d'acier devenu, au fond de l'abîme, ce qu'un zoologiste disait de la perle fine, "le brillant sarcophage d'un ver" (ou de deux) ? Problème difficile sans doute à discuter publiquement avec vote à main levée sur le meilleur procédé à adopter au cas où...

Mais chacun, séparément, songe, je suppose, à l'éventuelle nécessité d'une euthanasie miséricordieuse et peut-être s'en procure discrètement les moyens. On a même le droit, si l'on est fraternel, de songer au coéquipier : aussi y en aura-t-il pour deux, dans cette petite boîte bleue soigneusement ficelée qui voisine paisiblement avec de plus innocents objets, une boussole de géologue, un peu de linge, une éprouvette graduée, un nécessaire de couture et une pince universelle...

Homme soigneux et amateur impénitent de fichiers et de documents, je possède bien entendu un volumineux dossier "Affaire Piccard, 1948", bibliographique, technique, iconographique, etc. La chemise "Presse" est divertissante à parcourir, car à côté d'articles documentaires solides et précis, elle est riche de pièces comiques, volontairement ou inconsciemment telles.

C'est ainsi qu'avant que fût connue l'anatomie du *FNRS-2* les reconstitutions les plus fantaisistes en avaient été, à l'avance, offertes en pâture à l'exigeante curiosité du public. Elles sont le plus souvent entourées de "monstres" marins, empruntés parfois à la faune... littorale.

Un article nous décrit une cabine de deux mètres de diamètre où peuvent tenir "dix hommes au plus"... Des Pygmées, sans doute ? Lire : *deux*, nos lecteurs auront rectifié d'eux-mêmes... Comme dans le cas d'un journal marocain annonçant que Piccard et Monod "déclarent avoir entr'aperçu l'avant-garde d'une armée de monstres abyssins *(sic)* avec laquelle ils espèrent bientôt se mesurer" : pourvu qu'Addis-Abeba n'en sache rien !

Un autre annonce, sans rire, à côté de la photographie d'une fille splendide et court-vêtue : "Sirène moderne, la princesse Zina Rachewsky descendra au fond des mers dans la cabine du professeur Piccard" et ajoute : "La princesse ne désespère pas de voir dans les abysses quelques étonnantes femmes-poissons." Et comme c'est imprimé dans *Ici Paris* tous les concierges de France vont croire que c'est vrai... : "Pensez donc, c'est *su'* l'journal..."

L'humour peut être parfois très involontaire. C'est ainsi que *France-Dimanche* ayant fait allusion à un ouvrage emprunté par l'un des compagnons de Piccard "à la bique *(sic)* de son fils Cyrille", *le Canard* reproduisait aussitôt la coquille sous le titre "Une chèvre lettrée" et ponctuait cette allusion à une "bique" bibliophile d'un énergique : "Crotte alors !"

Dans un article intitulé "Les grands fonds bathysmaux sont atteints", G. Macé se divertit : "... Le «Bathysgaffe» était prêt pour la grande aventure abyssale : la coque avait résisté à la pression atmosphérique et même à l'humidité. La grande plongée fut donc décidée... Le professeur trempa la main dans l'eau et dit simplement : «Elle est bonne. On va se scaphandre la pipe», ajouta-t-il à part soi... A peine une heure s'est-elle écoulée que le professeur Monod peut télégraphier à toutes les agences de presse que l'appareil est à douze mille cinq cents mètres et que tout va bien à bord."

Les plus grossières inexactitudes s'impriment impunément. C'est ainsi que *Samedi-Soir* osait affirmer : "... A moins de mille quatre cents mètres les réservoirs se sont écrasés comme des grenades trop mûres... l'intérieur de la cabine était un enchevêtrement de fils et d'appareils installés au petit bonheur... les moteurs n'étaient que des dynamos d'automobiles..."

Les personnages les plus singuliers et les plus inattendus surgissent de l'ombre : un certain M. F***, après avoir annoncé qu'il allait descendre avec Piccard, déclare plus tard : "J'avais bien dit que le bathyscaphe était bricolé" et prétend contre toute vraisemblance avoir "séduit" l'austère Piccard "en lui racontant des histoires grivoises"… Le professeur Piccard n'a, bien entendu, pas tardé à mettre les choses au point : M. Fum… est un… fumiste "et un menteur".

Cependant que l'inventeur d'une "sonde-scaphandre" pouvant supporter cinq cents milliards de kilos *(sic)*, M. T***, accuse Piccard d'avoir utilisé ses propres plans pour le bathyscaphe. Il est vrai que c'est *Samedi-Soir* qui se fait l'écho de ce bruit : cela doit suffire à rassurer l'historien.

Ajoutons que la situation ne s'est guère améliorée depuis et que les plongées du *FNRS-3* auront à leur tour provoqué de la part de certains journalistes de pittoresques méprises. C'est ainsi que l'un d'eux nous affirme sans rire que "le bathyscaphe percera le mystère de l'Atlantide", qu'un autre nous parle de "requins-chimères dits chenilles de mer" (ce qui fait deux grosses erreurs d'un seul coup), cependant que *l'Aurore* du 16 février 1954 nous représente les passagers du bathyscaphe observant à travers un hublot figuré… à l'envers et par conséquent de l'extérieur de la sphère.

VI

CAFOUILLAGES ET BONNE HUMEUR

O scaly, slippery, wet, swift, staring wights,
What is't ye do ? what life lead ? ed, dull goggles ?
How do you vary your vile days and nights ?
How pass your Sundays ?

LEIGH HUNT

Je m'étais promis de ne rien raconter de notre pittoresque odyssée à bord du *Scaldis* avant que le bathyscaphe n'ait enfin fait ses preuves. Comme on le voit, j'ai tenu parole. Aujourd'hui que le *FNRS-3* a dépassé quatre mille mètres on peut admettre qu'une première phase s'achève de l'histoire de ces appareils : indubitablement "ça marche". Le principe même était donc excellent.

Il n'en est que d'autant plus regrettable que l'expédition de 1948 se soit terminée par un échec. Que l'on me comprenne bien : pour toute misc au point d'appareil nouveau, des essais, de longs et laborieux tâtonnements seront toujours indispensables. La nature elle-même n'a pas pu faire un oiseau ou un Eskimo du premier coup : elle y a mis des millions et des millions d'années, elle a gâché de la matière première et cassé des outils, elle en a raté, des oiseaux et des Eskimos avant d'en réussir un convenable ! Ce n'est donc nullement l'essai en tant que tel qui est répréhensible : il est inévitable. Seulement, en général, les cafouillages du début se font dans l'intimité, silencieusement, modestement, dans l'ombre, à l'abri des regards indiscrets et il n'est pas d'usage d'ameuter l'univers pour l'inviter à admirer une dystocie[1]. La bonne méthode c'est de procéder aux essais *avant* de convoquer les agences de presse, les cinéastes et, également, les utilisateurs scientifiques de l'appareil. Tous ces gens-là ne peuvent être d'aucune utilité pour la mise au point de ce dernier et n'ont à intervenir qu'une fois que tout va bien et que les performances annoncées se réalisent.

En réalité, les créateurs du *FNRS-2* avaient, dans leur parfaite certitude que leur invention était absolument au point et allait, dès son premier contact avec la mer, se précipiter sur les abîmes, méconnu l'importance de la phase préliminaire des essais.

Ce qu'ils ont fait à Dakar et aux îles du Cap-Vert en 1948 devait être fait, bien sûr, mais ailleurs et autrement. C'eût été épargner aux inventeurs une humiliation qu'ils ne méritaient point, aux spectateurs une bien inutile occasion d'excessif enthousiasme puis de surprise et de critique, aux utilisateurs scientifiques une déception dont ils ne s'estimeront vengés que quand ils auront été mis à même de faire ce qu'on leur promettait déjà il y a cinq ans...

Le professeur Piccard, d'ailleurs, prévoyant ce genre d'objection, a voulu y répondre à l'avance. Et dans un article publié par *le Soir* de Bruxelles, le 6 novembre 1948, il avoue que l'engin n'était pas prêt, que certaines livraisons ont été tardives et parfois défectueuses, que certaines mises au point ne pouvaient être effectuées "qu'à bord du *Scaldis*" et avec l'aide du *Scaldis*, et que l'idéal eût été de pouvoir retarder le départ du cargo, ce qui était impossible. Il ajoute, et cet aveu honore l'inventeur : "Pendant notre séjour à Dakar et spécialement au cours des opérations de mise à

1. Ça existe dans le *Nouveau Larousse illustré* : cherchez.

l'eau, nous avons découvert toute une série de modifications et de mises au point qui devaient encore être exécutées avant que l'on puisse entreprendre les plongées."

Indubitablement, l'appareil n'était pas prêt. Et il n'était pas prêt parce que le programme même des organisateurs ne comportait pas cette longue et patiente période d'essais en eau calme, puis à la mer par petits fonds, etc., qui eussent permis de se rendre compte plus tôt des graves défauts de la formule *FNRS-2*. Défauts si patents que les deux bathyscaphes actuels, *FNRS-3* et *Trieste,* se sont bien gardés de les reproduire.

On ne brûle pas impunément les étapes. On ne peut pas, du premier coup, réaliser un engin parfait. Or là encore, on avait voulu faire trop bien, trop beau, trop perfectionné. Il y avait trop d'ingénieux dispositifs qui n'ont servi à rien, ou ont refusé de fonctionner. Peut-être eût-il été plus raisonnable de songer, pour le début, à plus simple et à plus robuste.

Mais l'erreur fondamentale, celle qui a conduit à un malheureux échec une entreprise reposant pourtant sur une idée géniale, a été la méconnaissance foncière des réalités marines. Non, on ne peut pas extrapoler entre le laboratoire et la Nature. Non, il n'y a pas de commune mesure entre l'éprouvette et l'Océan. Ce sont deux mondes différents, ayant chacun leurs lois et leurs techniciens. Autrement dit, pour faire un bathyscaphe viable, il fallait certes de savants physiciens et d'habiles calculateurs, mais il fallait aussi... des marins. On s'en est aperçu depuis. On avait cru pouvoir l'ignorer en 1948.

Aussi ne faudra-t-il pas s'étonner de voir la construction même du bathyscaphe oublier que le calme plat n'est pas l'état permanent de la surface marine, et la manœuvre (extraction de la cale, descente à l'eau, pompages d'essence, etc.) inutilement compliquée, difficile et, bien souvent, dangereuse.

Les défauts du *FNRS-2*, le professeur Piccard ne tardera pas à les reconnaître et il déclare, le 27 octobre, nous apprend une dépêche de l'agence Belga : "Dès maintenant, je puis dire que l'appareil n'est pas dans sa forme définitive et qu'il devra, à mon avis, subir un remaniement sérieux et certaines modifications pour être au point."

C'est l'évidence, mais la défaite de 1948 n'aura cependant pas été vaine, ses enseignements ont été recueillis et ont préparé et, je dirai même, permis la victoire de 1954. De fragile ludion transporté aux flancs d'un cargo puis balancé au bout d'un mât de charge, l'engin est devenu un navire, fait pour rester sur l'eau, capable d'étaler de fortes houles et que l'on peut donc remorquer jusqu'au lieu de plongée. L'accès à la cabine par un sas communiquant, en émersion, avec l'extérieur, est, lui aussi, un progrès décisif sur l'ancien système, consistant à enfermer les passagers dans une cabine se trouvant alors encore dans la cale, et sans aucune possibilité d'en sortir, même en surface.

En plus des difficultés que l'on peut appeler congénitales, inscrites dans l'anatomie ou la physiologie du monstre, en plus de celles qu'allait provoquer la malice de Poséidon, divers incidents "surérogatoires" sont venus compliquer la tâche des inventeurs et retarder la marche des opérations.

Dans la cabine, un réveil destiné à provoquer le délestage automatique dans une plongée à vide se trouve réglé pour un déclenchement à douze heures : juste avant midi, ayant achevé de hisser dans son logement la batterie arrière, les hommes passent sur l'avant pour s'occuper de la seconde quand la première, dans un fracas de tonnerre, s'écrase sur le plancher de la cale, entamant ce dernier de ses six cents kilos et, à demi défoncée, laisse fuir son acide. Il n'y a pas de morts : c'est déjà quelque chose. Mais que s'est-il passé ? On ne tardera pas à l'apprendre : une distraction du professeur Piccard l'avait incité, ignorant que les contacts fussent déjà établis, à remonter machinalement, alors qu'il me mettait, dans la cabine, au courant du fonctionnement des appareils de pilotage, le diabolique et trop obéissant chronomètre.

Peu après, c'est une batterie de rechange branchée toute une nuit à l'envers, et qui se vide au lieu de se remplir.

On vit aussi dans la cale Jacques Piccard recevoir sur la tête et le dos, sans dommages d'ailleurs, une généreuse pluie de mitraille : quelques centaines de kilos, vicieusement décochés par un engin qui paraît d'un tempérament bien capricieux...

Rien d'étonnant, naturellement, à ce que le passage de l'air à l'eau, et de la paix du laboratoire aux branlades de la houle alizéenne, réserve des surprises et oblige à une si laborieuse mise au point. Mais il eût fallu, tout de même, avoir songé plus tôt, plus à l'avance à bien des choses.

Il serait peut-être plus commode, et plus romanesque, de pouvoir invoquer l'hostilité de quelque puissance occulte et déjà, car la littérature policière a partout ses adeptes, le mot de "sabotage" a été prononcé. Ce qui, bien entendu, expliquerait tout, et au meilleur compte.

*

Un à un les yeux brillants de l'Afrique s'étaient refermés dans la nuit. Trente-six heures plus tard le *Scaldis* est en vue de Boavista, l'une des îles orientales de l'archipel du Cap-Vert. Paysage passablement désertique avec ses dunes blanches et ses montagnes rougeâtres.

La journée du 21 octobre est encore consacrée à des préparatifs techniques que l'on voudrait pouvoir qualifier d'"ultimes", car le temps passe, l'attente se prolonge et pour plusieurs, si plaisante que puisse être un moment une fort agréable croisière, s'accroît chaque jour le risque de voir s'avérer vaine une immobilisation que seul pouvait justifier le voyage abyssal.

L'humeur, il faut l'avouer, s'en ressent un peu. On aimerait vraiment, quel que soit le terme de l'aventure, "en finir" et au lieu de piétiner sur place, dans le brouillard, aller au moins "quelque part".

22 octobre. Les préparatifs se prolongent et chaque jour apporte sa moisson de découvertes et de problèmes : un trou de trop, un autre à percer, un écrou desserré, un contact électrique qui demeure imperméable au courant, un tuyau qui fuit, un appareil rebelle, etc. Phase nécessaire, inéluctable, bien sûr : mais pourquoi devoir la prélever sur les si courts délais de l'expérience efficace et du fonctionnement réel ?

Le 22 au soir, conseil de guerre. La première plongée est – en principe – pour demain. Qui descendra pour "étrenner" l'appareil ? Piccard, évidemment. Et l'on eût pensé : avec Cosyns, mais ce dernier estime être plus utile à bord pour la manœuvre et se réserve de participer à la plongée suivante. Comment départager les "clients" demeurés en piste, et tous volontaires ? Le sort va en décider : des papiers dans un casque et, à défaut de petite-fille-innocente-et-anonyme, les doigts impartiaux du bon docteur Bouchet vont aller pêcher un nom : Monod.

Ainsi soit-il, avec, pour tout regret, en ce qui me concerne, d'avoir fait, bien involontairement, quelques jaloux.

23 octobre. La plongée n° 1, tant attendue, est à nouveau remise à demain... On commence à se demander si jamais nous verrons s'achever la phase, déjà trop longue, des "derniers" préparatifs : quand la "dernière heure" a duré trois semaines on peut, à bon droit, s'avouer inquiet. Encore une

journée vide. Ai eu avec Piccard une conversation très instructive : l'excellent homme a, lui aussi, ses soucis.

*

Le 26 octobre cependant on allait pouvoir procéder à une première plongée, par petits, tout petits fonds, à... vingt-cinq mètres. Quand on me demande à quelle profondeur nous avons été ce jour-là, le professeur Piccard et moi, je réponds toujours : "A vingt-cinq mille." En millimètres, ça fait quand même plus sérieux.

Voici, obtenu en combinant les notes prises à l'extérieur par M. Henri Ghysels[1], et à l'intérieur par moi-même, le film des opérations :

9 h 45
Cosyns travaille à la mise en place des phares.
10 h 30
Les deux phares de proue sont fixés ; essai du téléphone cabine – extérieur : sans résultat.
11 h 10
Téléphone semble réparé mais sonnerie ne marche pas.
11 h 25
On met les billes des électro-aimants en place ; conciliabules.
12 h 17
On commence à hisser la batterie arrière sur chariot.
12 h 30
Mise en place de la fiche de la batterie arrière.
12 h 35
Mise en place des deux câbles qui la retiendraient en cas de coupure de courant et qui seront largués après l'immersion (par des plongeurs).
12 h 40
Les bras des électros soutiennent la batterie arrière.

1. Que je remercie d'avoir bien voulu me communiquer cette chronologie minutieuse.

12 h 42
Le chariot descend.
12 h 45
La batterie avant est placée sur le chariot.
12 h 52
On commence à la hisser.
12 h 58
Mise en place de sa fiche.
13 heures
Mise en place des leviers et des câbles.
13 h 12
Descente du chariot. Le *Scaldis* se rapproche de la côte pour mouiller.
13 h 14
On commence à placer les blocs de lest arrière.
13 h 16
Les leviers sont en place.
13 h 20
On suspend le lest bloc par bloc : un à la minute.
13 h 26
Six blocs sont fixés.
13 h 30
Le guiderope est en place. Interruption déjeuner.
14 heures Reprise des opérations.
14 h 30
Le palonnier descend.
14 h 45
Piccard entre dans la cabine.
14 h 50
Je pénètre à mon tour dans la sphère.
14 h 52
On nettoie les bords de l'ouverture conique.
14 h 5
On met la porte sur le chariot et on l'approche de la nacelle.
14 h 59
Le chariot est soulevé.
15 heures
La porte est mise en place. Cabine : temp. : 28 °C, hum. 90.
15 h 01
Quatre boulons sont placés.
15 h 03
Mise en route de l'oxygène à deux litres par minute.

15 h 06
On enlève la pièce en croix servant à manipuler la porte.
15 h 10
Serrage des boulons au vilebrequin. Cosyns nettoie le hublot de la porte.
15 h 12
La sonnerie du téléphone fonctionne mais pas le téléphone lui-même : entretien à ce sujet avec l'extérieur par bouts de papier placés contre le hublot.
15 h 16
On place le premier bloc de lest avant – "Francis-Bœuf et Monod échangent des grimaces", affirme l'historiographe officiel.
15 h 17
"De la foutaise… de la foutaise…", s'exclame Piccard à propos d'un nouveau truc qui ne marche pas (et il s'agit alors du téléphone, invention cependant déjà ancienne).
15 h 20
Le lest avant est en place. La cale est dégagée. Georges monte sur le flotteur. Cabine : temp. : 29 °C.
15 h 34
Nous bougeons, on décolle.
15 h 45
Niveau de l'entrepont.
15 h 46
Niveau du pont. Derniers signes, grimaces et tirages de langue à Francis-Bœuf.
15 h 53
Passons le bastingage.
15 h 56
Le guiderope touche l'eau. Dumas plonge avec la caméra.
15 h 58
Touchons l'eau, bleue, traversée d'une poussière de bulles d'argent. Piccard me confie : "Il y a quarante ans que j'attendais ce moment… Pas si beau que je l'espérais…"
15 h 59
Arrêt : on a oublié les purges des batteries. Richemont prend place dans le canot en caoutchouc pour les fermer.
16 h 06
Les purgeurs sont fermés.

16 h 10
On amène le tuyau du gaz carbonique et on le fixe.
16 h 13
Cosyns s'occupe des bouteilles de gaz.
16 h 15
Première analyse CO_2 dans la cabine, réglons l'oxygène à un litre par minute.
16 h 25
La descente reprend.
16 h 30
On enlève le palonnier, qui heurte la boîte d'antenne. De l'huile s'échappe à chaque coup de roulis. La porte du coffre-relais s'est ouverte. Tailliez va la refermer mais elle ne tient pas.
16 h 35
Mise en place du tuyau d'essence.
16 h 40
Vissage de ce tuyau.
16 h 44
On remonte le palonnier.
16 h 45
Les pompes sont lancées, le bathyscaphe descend un peu.
16 h 55
Tailliez se prépare à plonger avec un message à placer contre le hublot.
17 heures
Il essaie à nouveau de refermer la porte du coffre-relais et rapporte la réponse des occupants de la cabine : ils vont bien (temp. : 29 °C, hum. : 90). Tailliez va reprendre sa caméra et filme.
17 h 10
La pompe à essence redouble ses pétarades. Cosyns surveille toujours la pression de gaz carbonique. Le bathyscaphe s'enfonce centimètre par centimètre.
17 h 15
Dans la cabine : analyse CO_2, temp. : 29 °C.
17 h 25
Piccard me confie : "J'aurais bien voulu descendre à mille mètres mais le courage me manque pour le moment. Et vous, vous iriez ?" – "Pourquoi pas ?"
17 h 30
Dumas plonge avec une planchette-message.

17 h 35
La ligne de flottaison orange est atteinte.
17 h 40
Le régime de la pompe se ralentit. Dans la cabine je note : "Bruit pompe cesse."
17 h 42
On ferme la première vanne.
17 h 44
Le tuyau de gaz carbonique est enlevé.
17 h 50
On renforce le pompage.
17 h 55
La pompe s'emballe. Dans la cabine le tachymètre s'annonce simultanément vert et rouge. Piccard en avoue quelque amertume : "Encore ça qu'on a loupé..."
17 h 56
Le bouchon remplaçant la soupape saute, on stoppe le moteur.
18 h 08
On envoie bouchon de rechange.
18 h 10
On commence à peser les sacs de lest.
18 h 15
Remise en marche de la pompe.
Bref arrêt pour remettre de l'essence dans le moteur de la pompe.
18 h 35
Arrêt de la pompe, fermeture des vannes d'essence. Cabine : temp. : 28 °C, hum. : 90. Toujours l'eau bleu clair saupoudrée de points blancs brillants, une véritable voie lactée.
18 h 38
On remonte le tuyau d'essence.
18 h 45
On descend le reniflard.
18 h 50
On descend le réflecteur du radar, mis en place en une minute. Dans la cabine le temps paraît long et Piccard s'inquiète : "Quelle bêtise est-ce qu'on a encore faite là-haut ?"
18 h 58
Les caillebotis sont enlevés.
19 heures
Un matelot du *Scaldis* descend sur le flotteur.

19 h 05
Le soleil se couche. On prépare message pour les occupants : "Trop tard pour film. Dès arrivée au fond, faites rapidement essais et remontez. Attention : essais moteurs très brefs." Tailliez et Dumas plongent, transmettent le message, tranchent la patte-d'oie arrière, accrochent la bouée, tranchent la patte-d'oie avant, fixent le câble pour remorquage.
19 h 20
Piccard : "C'est dégoûtant qu'un ingénieur comme X… ne soit pas fichu de mettre un téléphone qui marche…"
19 h 30
Le phare est allumé.
19 h 45
La vedette remorque le bathyscaphe. Début des opérations de lestage, qui vont se révéler très laborieuses. Message Tailliez : "Attention. J'estime qu'il vaut mieux renoncer, nous ne pourrons jamais mettre mille cinq cents kilos." Réponse : "On peut continuer en attendant que Cosyns réfléchisse."
20 h 03 – 20 h 09
Faisons fonctionner les compteurs Geiger (rayons cosmiques) dans la cabine.
20 h 15
Allumons un instant les phares.
20 h 20
On décide de mettre de la mitraille.
21 heures
La mitraille est descendue à bord de la vedette.
21 h 15
Les opérations de lestage reprennent.
21 h 30
"Attendez. Ne plus rien déverser." Dans les feux croisés des projecteurs on voit à cent mètres le bathyscaphe s'enfoncer peu à peu. On le remorque.
21 h 45
Le matelot installé sur le flotteur plonge, mais, délesté de ce poids, l'engin remonte ; le reniflard fonctionne. On ajoute du lest accroché dans des sacs.
22 heures
Le bathyscaphe consent enfin à s'enfoncer.
22 h 03
Après l'interminable et modérément plaisante partie d'escarpolette que nous avons subie en surface, c'est tout à coup le calme. La cabine repose sur le fond, fortement

éclairé par les phares. Le sable est tout ridé de ripple-marks, dont les vallées sont soulignées d'algues sombres. Sous les projecteurs tourbillonne, dans une sarabande quasi cosmique évoquant le poudroiement de soleils de quelque laiteuse galaxie, un véritable nuage de minuscules crustacés. Deux poissons, calmes et sages, méprisant cette vaine agitation, se promènent gravement sur le fond. Mise en route des compteurs Geiger.

22 h 15

Il faut maintenant songer à remonter : "Attention pour le lest n° 1... Vous y êtes ?... Allez-y", et par le hublot on entrevoit l'étrange boîte de fonte se décrocher brusquement et, cisaillant l'eau obliquement, venir se coucher sur le fond. La manœuvre se répète boîte par boîte : suffisamment allégé, le bathyscaphe amorce sa remontée.

22 h 20

Sommes de nouveau en surface. Le reniflard fonctionne lentement, la mer s'étant calmée.

22 h 25

On apprête les amarres sur le *Scaldis.*

22 h 30

La vedette part avec la patte-d'oie avant.

22 h 37

Cette dernière est amarrée par un plongeur.

22 h 55

Un plongeur fixe la patte-d'oie arrière.

23 heures

En raidissant les manœuvres, le bathyscaphe se rapproche.

23 h 04

Georges monte sur le flotteur, détache la bouée et enroule la corde.

23 h 10

Il enlève le réflecteur du radar.

23 h 12

Un matelot du *Scaldis* prend place sur le flotteur.

23 h 15

Les sacs de grenaille sont fixés sur des bouts.

23 h 22

La bouée est mise sur le canot de caoutchouc.

23 h 30

On enlève le reniflard.

23 h 32

Amarré à un bout, il est hissé à bord.

23 h 36
On descend le coude du tuyau d'essence.
23 h 45
On descend le tuyau d'essence, qui se présente mal.
23 h 58
Le tuyau d'essence est connecté.
0 heure
On amène le tuyau de CO_2.
0 h 02
Ouverture des vannes.
0 h 05
Cosyns ouvre l'admission du CO_2 et la pompe est lancée mais stoppée immédiatement, le tuyau d'essence n'étant pas bien serré.
0 h 10
La pompe est actionnée une demi-minute : on stoppe, le bouchon de soupape ayant sauté à nouveau ; on place un nouveau bouchon, maintenu par Georges.
0 h 15
La pompe se remet en marche, irrégulièrement.
0 h 16
Elle est bien partie.
1 h 16
La pompe est arrêtée, on enlève les tuyaux.
2 h 02
Le palonnier est descendu.
2 h 07
Il est mis en place.
2 h 09
Le palonnier prend le bathyscaphe en charge.
2 h 30
Le hublot inférieur émerge.
2 h 58
La cabine est déposée sur son berceau, au milieu d'une foule aimable prête, pour un peu, à nous questionner sur les merveilles de la vie sous-marine…
3 h 10
La porte, déboulonnée, est ouverte, avec un sifflement : nous étions, à l'intérieur, en surpression.
3 h 12
Nous sortons de notre coquille, courbaturés et éblouis (par les projecteurs) et dans l'état d'esprit du coureur cycliste : "Je suis bien content d'être arrivé" et : "Je tâcherai de faire mieux la prochaine fois."

Et voilà... comme disait l'autre : *Ci falt la geste que Piccardus declinet.*

Rien de bien curieux à raconter, sauf qu'on s'est énormément embêté pendant ces interminables douze heures de régime "capsulaire", malgré le petit échiquier de poche que j'avais eu l'excellente idée d'emporter, et que l'incroyable lenteur comme l'extrême complication des manœuvres constituent à elles seules un obstacle extrêmement sérieux et probablement rédhibitoire à toute utilisation pratique de l'engin.

Mais comme il fallait quand même, tout en n'ayant rien à dire, satisfaire l'amicale insistance d'Henri Ghysels, notre journaliste, je lui ai remis les lignes suivantes : "Le bathyscaphe ne s'en tiendra pas, évidemment, toujours aux eaux côtières. Tôt ou tard, et bientôt je le souhaite, l'engin servira à ce à quoi il a été très spécialement destiné : l'exploration des grands fonds et l'étude de la faune abyssale : ce jour-là, ou plutôt cette nuit, car les ténèbres sont totales et permanentes à pareilles distances de la surface, j'espère pouvoir, à mon tour, faire enfin les seules observations pour lesquelles je me trouve ici, et participer utilement, de la sorte, au progrès de nos connaissances sur la faune sous-marine profonde : les deux poissons littoraux entrevus hier par vingt-cinq mètres ne sont pour moi que l'avant-garde d'une armée nombreuse, et bien cachée, aujourd'hui encore hors d'atteinte, mais avec laquelle j'ai grand-hâte de me mesurer."

30 octobre, soir. A cette date, un mois et demi après le départ, le bilan de l'expédition se résume en :

Plongées	1 (une)
à (profondeur en mètres)..........	25 (vingt-cinq).
Poissons abyssaux vus	0 (zéro).
Poissons abyssaux capturés.	*idem.*

Mais tout va très bien, les quelques menus "incidents techniques" qui ont empêché jusqu'ici l'appareil de tenir plus de 1/160 de ses promesses tétrakilométriques sont enfin réglés et dès demain le bathyscaphe, en pilotage automatique, ira à deux mille deux cents mètres, puis suivront deux plongées avec passagers, etc.

On eût pu, pour gagner du temps, aventurer dès demain des plongeurs et même, en les serrant un peu, en faire tenir trois par voyage : Cousteau, Francis-Bœuf et moi sommes candidats. Les chefs de l'expédition s'y opposent. Il est donc plus que probable désormais qu'il va falloir rentrer bredouilles, s'être préparés des années à la chose, matériellement, et autrement aussi, avoir perdu près de deux mois à assister à l'achèvement d'un engin qui a quitté l'Europe encore loin d'être terminé, tout cela pour rien. Et sans rien rapporter d'autre qu'un peu d'humiliation et beaucoup de ridicule. Cela fait toujours bien plaisir.

Reste-t-il encore un petit, un tout petit espoir ? Sait-on jamais, avec les perpétuelles oscillations des projets et des états d'esprit, les alternances périodiques des jours de baisse et des jours de hausse, des heures d'optimisme où les quatre mille mètres sont à portée de la main et de celles de lucidité où l'on mesure enfin tout ce qui sépare du laboratoire le réel, avec ce régime de permanente douche écossaise auquel sont soumis nos naïfs enthousiasmes d'hier ?

31 octobre. – Enfin, peut-être, le grand jour : une plongée profonde, à plus de deux mille mètres, avec délestage automatique. N'eût-on fait que cela, il y aura eu, tout de même, autre chose que la descente à vingt-cinq mètres de Boavista.

Le bathyscaphe sort de la cale, un peu secoué par la houle, et se met à osciller dans les airs au bout du mât de charge, à la vive émotion des spectateurs. A l'arrière pendouille joyeusement un boudin de grenaille de fer ficelé dans une toile à sac et plus connu des esprits frondeurs du bord – il y en avait – sous le nom de “saucisson d'Arles”. C'est le déclencheur qui, au bout d'une corde de cinquante mètres, devra, au contact du fond, provoquer le délestage. La ficelle du saucisson est à surveiller de très près, au milieu de tant de câbles s'efforçant de limiter les élans d'un bathyscaphe qui, sorti de sa ténébreuse écurie, se montre vraiment plein d'entrain. Presque un peu trop folâtre. L'énorme masse, animal féroce pourtant saisi, raidi, ligoté de tant de filins et d'aussières, émoustillé sans doute par le grand air, s'agite et dans une suprême ruade bouscule le saucisson d'Arles qui, docile, fait son métier et, dans un tonnerre d'écroulements métalliques, lâche une diarrhée de ferraille, six cents kilos par-ci, trois cents par-là, toutes les lourdes boîtes en fonte du lest, environ une tonne ; une mitraille sonore et rebondissante s'abat sur le pont et sur le bastingage ; un gros objet tombe à la mer dans une gerbe d'écume. Puis tout se tait. Le monstre, soulagé, exonéré de sa colique ferrugineuse, s'apaise et nargue ses dompteurs, puis, sagement, accepte de réintégrer sa cage à fond de cale. Il n'a tué personne, il faut lui en savoir gré, mais le respect un peu craintif des hommes pour un animal d'apparence pourtant pacifique, capable de se transformer soudain en homicide pièce d'artillerie, s'accroît considérablement.

La plongée, encore une fois, est ratée, "remise", diront les autorités, toujours pudiques dans leur vocabulaire : on plongera demain matin, de bonne heure...

Or, comme d'habitude, il y avait loin du projet à sa réalisation : la mer ayant été jugée démontée – alors qu'elle était aussi belle qu'un Atlantique tropical en période d'alizés naissants en puisse fournir – on devait, le lendemain, renoncer à tout essai et remettre, à nouveau, ce dernier. Peut-être à l'abri de São Thiago allons-nous trouver enfin de l'eau moins ridée que celle de la fontaine Médicis ?

*

Pendant notre lente croisière les fabricants, réparateurs, aménageurs et décorateurs de bathyscaphes ont été affreusement occupés. Les savants qu'ils avaient invités, en les conviant à une partie de plaisir abyssale, l'étaient moins.

Certes, ils n'ont pas entièrement perdu leur temps, ayant pu, tout de même, faire quelques observations océanographiques et des récoltes zoologiques : la pêche au feu du plancton, la nuit, en particulier s'est révélée d'un rendement excellent, nos filets ayant ainsi capturé jusqu'à... des espèces de profondeur. Et en surface ! Avouez que c'est un peu vexant, mais peut-être ces braves Myctophidés, las de nous attendre "en bas", avaient-ils voulu rassasier leur curiosité et satisfaire ce qu'un communiqué officiel nommerait "de légitimes impatiences" ? Qui sait ?

Il reste cependant des heures creuses. Et chaudes. Et l'on se distrait comme on peut. Francis-Bœuf a le sommeil solide et, dans ce torride entrepont, dort passablement dévêtu ; j'en profite sans scrupules pour décorer sa paroi sterno-ventrale de peintures "rupestres" et de graffiti aussi polychromes que pittoresques.

La victime est sans rancune et "Raphaël le Tatoué" ne tarde pas à faire bénéficier son "Tondu" de la plus active complicité quand il s'agira, par exemple, à travers un trou de la paroi, d'arroser les habitants de la cabine voisine.

En attendant, la cabine française et la franco-belge d'à côté sont devenues les bastions de la bonne humeur et, il faut l'avouer, de l'impertinence, car la dépêche de l'agence Belga du 1er novembre a dit vrai : "Le docteur Bouchet, M. Monod et M. Francis-Bœuf publient un journal mural. Il se compose de titres découpés dans de vieilles publications et dont les mots assemblés avec à-propos rappellent les faits du jour en phrases surréalistes." C'est exact, la

Une grande enquête de notre envoyé spécial BOBARD — Les grands reportages — DERNIÈRE ÉDITION

LES REVENDICATIONS SCIENTIFIQUES DEVIENNENT PRESSANTES

COMMUNIQUÉ :

LE TRAFIC SOUS-MARIN EST SUSPENDU

VILLE DE DAKAR
GRANDE REPRÉSENTATION THÉATRALE

AUJOURD'HUI

LES AVATARS D'UNE GÉNÉRATION

VOIR GRAND

LA COUPE D'ENDURANCE

« LA DERNIERE ETAPE ».

"LE DIABLE S'EN MÈLE"

Une charmante comédie

PAR

La TROUPE du PROGRES

Fragment d'une page-spécimen du journal mural à bord du *Scaldis*.

Au cours des essais du *FNRS-2* aux Iles du Cap-Vert, en 1948, et pour tromper les longueurs de l'attente, les éventuels passagers français du bathyscaphe avaient imaginé un passe-temps nouveau : celui-ci n'exige qu'un peu de colle, une paire de ciseaux, quelques vieux journaux et un grain d'humour. On en pourrait tirer un jeu de société original à condition d'offrir à chaque participant le même journal à dépecer et de choisir un thème unique...

Fragment d'une page de journal

presse clandestine à bord du *Scaldis* s'enrichit chaque jour de quelque page nouvelle, aussitôt punaisée au mur, autour de l'aquarelle figurant un *FNRS-2* transformé en poisson (il suffit d'un œil, d'une bouche et d'une nageoire caudale), en train d'explorer les abîmes et se heurtant à un crabe brandissant une pancarte séditieuse :

25 mètres
S T O P

A la porte, une sonnette, dont la poignée est une scie chirurgicale : "Propriété privée. Sonnez fort. Attention : chien méchant." Et une boîte de fer-blanc : "Pour les pauvres de la paroisse, s.v.p. Merci."

Au plafond : un appareil déclencheur de filet Nansen, un chameau en peluche, un os de poisson et une poulie nègre de métier à tisser. On devait y voir aussi apparaître un très irrévérencieux prototype d'un *FRNS-3*…

Au mur, des cartes, des textes de Prévert, cruellement bien choisis par Francis-Bœuf, des portraits, des images, un amusant "à la manière" de Jacques Prévert, intitulé *Abyssinie* et, naturellement, les dix-sept pages du journal mural auquel nous empruntons, presque au hasard, quelques titres :

La grande première est ajournée.
Le spectacle est dans la cale.
Mécaniquement très au point, il est pratiquement indéréglable et donne toujours entière satisfaction.
Quoi de plus simple, en somme, que de le remplir d'essence ?
Voyagez par bathyscaphe.
A quatre mille mètres dans le firmament sous-marin.
On ne vous a pas tout dit.
Le professeur Piccard me dit : J'ai une confiance qui m'étonne.
Villégiatures : à quatre mille mètres sous les mers.
La saison des truffes.
Le principe est admis d'une batterie nouvelle de

grande classe : le public les préfère pleines de jus et sans pépins.
Communiqué : le trafic sous-marin est suspendu.
Les revendications scientifiques deviennent pressantes.
Les milieux officiels précisent : il faut plus que jamais améliorer le casse-pipes.
Les tribulations du père Lafraise ou : les enfants de la nuit.
Moi je préfère la montagne.
Petites annonces.

– Un lecteur au courant du dressage des chevaux marins de carrière, libre de suite, cherche emploi, même intérieur.

– J. C. B. Bruxelles. Je cherche un mentor pour m'initier un peu aux arcanes de la fine mécanique.

– L'amiral nous prie de rappeler que ses motocyclistes ne demandent qu'à vous aider, soit pour un ennui mécanique, soit pour un renseignement touristique, soit même pour vous soigner en cas d'accident.

Un formidable programme d'attractions d'une haute valeur artistique.
Pour un fonctionnement sûr... Employez mon démarreur à explosion pour moteur de bateau "automatic". Il mérite votre confiance.
Moi aussi, madame, mes cors me font mal, mais nous continuons à affirmer qu'il fera beau demain.
Une note fraîche et tonique pour les heures de sport et de plein air.
Dépister le mensonge.
Cependant de nombreux mystères persistent.
Il nie, mais tout l'accable.
La plus connue parce que la meilleure.
Le passage du malin.
Au gré des astres.
etc.

*

Le bathyscaphe après être vaillamment descendu à vingt-cinq mètres avec deux passagers devait, à vide, atteindre la profondeur de mille trois cent quatre-vingts mètres, ce qui achevait de prouver que le principe même de l'appareil était bon si la réalisation était partiellement défectueuse.

Au retour de cette dernière plongée, le *FNRS-2* devait être quelque peu malmené par la houle ; devant l'impossibilité d'ajuster la manche de pompage de l'essence, il a fallu refouler celle-ci (trente-deux mille litres) à la mer, opération périlleuse pour le navire et que nous sommes heureux de voir terminée. Quand l'engin peut enfin être amené à bord, on constate diverses avaries, les tôles de l'enveloppe du flotteur ont souffert, un des moteurs a été arraché, on put craindre que la charpente même du flotteur n'eût dangereusement travaillé. Il serait imprudent de poursuivre les expériences dans ces conditions. D'ailleurs il n'y a plus d'essence et les délais d'utilisation du *Scaldis* sont expirés : il n'y a plus qu'à plier bagage.

5 novembre. Terminé. Sommes en route pour Dakar. L'expédition s'achève avant d'avoir commencé et j'aurai donc été convoqué, et longuement immobilisé, pour assister à la construction d'un appareil puis à sa quasi-destruction avant même son définitif achèvement.

Il est aujourd'hui un peu cruel de parcourir les coupures de presse d'avant l'affaire et les déclarations optimistes prêtées aux organisateurs : "Je n'ai pas peur : j'ai fait mes calculs…", "Tout cela n'est qu'une question de préparation…", "La descente à quatre kilomètres de profondeur ne sera qu'une partie de plaisir…", "Tout est prévu afin que tout se passe le mieux du monde", "Quand on a réfléchi un demi-siècle à un problème,

MONSTRES INCONNUS
– Tiens ! Un spécimen rarissime de MOLLUSCUS METALLOCOQUILLATUS...
– Allons donc ! C'est un vulgaire HELVETIO-BELGA EXPLORATOR BATHYSCAPHATUS !

Croquis de Jean Effel

on a bien des chances d'avoir pensé à tout...", etc.

"A tout" ? Sauf, hélas, à la fréquente existence, à la surface de la mer, d'ondulations communément appelées "vagues"...

Car, comme un des témoins l'a fort bien dit à propos de ce qu'Emile Condroyer a pu appeler "l'insuccès relatif" de l'expédition Piccard : "C'est la surface et non les profondeurs qui l'ont vaincu." En effet, comme le danger pour un bateau est sur les côtes et, pour un avion, sur terre, il est pour un bathyscaphe "en haut" : en bas, c'est le calme et la sécurité.

Mais ces constatations ne nous consolent pas, notre déception est immense d'être venus pour rien, notre frustration très sensible. L'ami Francis-Bœuf en paraît particulièrement touché et ne le cache pas. C'est que nous avions fait confiance à l'engin et à ses inventeurs, inconsidérément sans doute, mais totalement : quels rêves, quel enthousiasme, quelle attente ! On avouera que la désillusion était plutôt sévère.

Il n'en était pas moins vrai que le principe même de la géniale invention du professeur Piccard demeurait entièrement intact. L'idée était donc bonne si sa provisoire incarnation laissait à désirer. Il ne saurait être question de l'oublier, ni de diminuer le mérite, qui reste éminent, de celui qui aura, le premier, pensé cette étonnante machine à explorer le fond des mers.

Et puis, me disais-je, ces quelques années qui nous séparent encore du succès, et qui sembleront longues à nos impatiences, que sont-elles au regard des siècles ? Avec un peu de recul, qui distinguera 1948 de 1953, et quel livre d'école, plus tard, omettra d'enseigner, tout simplement, que c'est "au milieu du XXe siècle" qu'Auguste Piccard imaginait un engin appelé "bathyscaphe" et capable d'emporter des êtres humains jusqu'au fond des abîmes marins ? Les balbutiements du début seront alors depuis longtemps oubliés, et pleine justice sera rendue aux éminents et indiscutables mérites du précurseur.

VII

ENFIN SEULS

Mais vous ne savez pas tout, vous n'avez pas tout vu. Laissez-moi vous dire que vous ne regretterez pas le temps passé à mon bord. Vous allez voyager dans le pays des merveilles. L'étonnement, la stupéfaction seront probablement l'état habituel de votre esprit. Vous ne vous blaserez pas facilement sur le spectacle incessant offert à vos yeux.

Le capitaine Nemo au professeur Aronnax.

Au retour des essais de 1948 un journaliste me demandait mes impressions. Je relis ce texte, vieux de plus de cinq ans : je n'ai pas un mot à y changer et le voici redevenu tout à fait de saison.

“Mon opinion personnelle sur les expériences qui viennent de se terminer de la façon que l'on sait ? Puis-je m'exprimer en toute liberté ?

“Eh bien, voilà : j'avais accepté sans hésitation, avec un véritable enthousiasme, de participer à une entreprise qui présentait pour le zoologiste, en le faisant pénétrer dans un milieu biologique interdit jusqu'ici à l'observation directe, un aussi prodigieux intérêt. L'importance scientifique du programme était évidente pour moi comme pour les diverses institutions dont je demeure solidaire. Je ne pouvais que faire entièrement confiance aux organisateurs responsables pour la réalisation de ce programme.

“Cette confiance, je suis bien obligé de reconnaître qu'elle aura été fortement déçue par les faits. Je n'ai pas à insister ici sur les multiples «incidents techniques» qu'il nous a fallu constater, ni sur la surprenante différence d'échelle qui sépare décidément l'expérimentation de laboratoire et les divinités marines, car la puissance de celles-ci avait été notoirement sous-estimée. Mais force m'est par contre de noter qu'après avoir attendu deux ans l'occasion d'aller étudier chez elles les faunes bathypélagique et abyssale, en subordonnant toutes mes autres activités à cette seule espérance, je me trouve, au terme de l'expédition, en présence d'un bilan qui se solde par *une* plongée de *vingt-cinq mètres*, terminus effectif de l'opération se plaçant pour moi à trois mille neuf cent soixante-quinze mètres en deçà de l'objectif primitif, et six semaines de croisière en surface, inutile puisque à aucun moment je n'ai pu me livrer aux seules recherches justifiant ma présence à bord.

“Le rêve était peut-être trop beau ? Ou du moins prématuré ? Mais il ne saurait être question de l'oublier : et le jour, qui peut venir, où l'on me convoquera non plus pour assister à la laborieuse mise au point d'un engin encore imparfait, mais pour participer à l'utilisation efficace d'un appareil en ordre de marche, instruit par l'expérience, alors, mais alors seulement, je répondrai une fois de plus : Présent. Et cette fois sans doute avec quelques chances d'arriver enfin au contact des poissons abyssaux : ils viennent, c'est évident, de marquer un point. Puissé-je avoir, tôt ou tard, ma revanche.”

Les dieux ont exaucé mon vœu : qu'ils en soient loués !

Bien entendu, dès que les essais du *FNRS-3* ont débuté, je pouvais difficilement demeurer totalement inerte. La mort de mon bon camarade Francis-Bœuf m'ayant privé depuis longtemps d'un lien direct avec Toulon, j'en étais réduit, en fait d'information ou de contacts, à la presse. C'était insuffisant, à mesure qu'allait approcher le moment où se poserait la question de l'utilisation scientifique de l'appareil. J'écrivis au commandant Houot pour lui signaler le très vif intérêt que je persistais à porter à ces expériences, pour mettre à sa disposition mon "bathybiblion", recueil de portraits de poissons des grands fonds constitué à l'usage des plongées projetées pour 1948, et pour lui dire qu'au cas où il aurait jamais l'emploi d'un biologiste je connaîtrais un candidat...

La venue du *FNRS-3* à Dakar devait, naturellement, faciliter les choses : je découvrais en Houot et en Willm les plus simples et les plus sympathiques des hommes, eux-mêmes constataient que leur correspondant était encore d'un format à passer par un trou de trente-huit centimètres de diamètre et, tout en mourant d'envie de prendre l'ascenseur pour descendre, saurait se montrer patient. Aussi, dès le 9 février, pouvais-je adresser au ministre de la Marine une demande, sollicitant l'autorisation de participer aux premiers essais d'utilisation scientifique. Après tout, j'avais une revanche à prendre et je n'étais toujours pas vengé de ma déception de 1948. De plus, je pouvais rendre quelques services pour l'observation zoologique, et je me trouvais sur place.

Avec une obligeance à laquelle je dois rendre hommage, les autorités en cause, celles de la marine comme celles du Centre national de la recherche scientifique, ont bien voulu réserver à ma demande un accueil favorable et, sans même attendre que soient précisées dans tout leur détail administratif les règles d'utilisation future du *FNRS-3*, m'autoriser à devenir le premier passager scientifique du bathyscaphe. Se seraient-elles aperçues que l'hôte du capitaine Nemo, M. Aronnax, était, lui aussi, professeur au Muséum national d'histoire naturelle et obéissant à je ne sais quel obscur instinct de symétrie, auraient-elles voulu que le moderne *Nautilus* emportât dans ses flancs un autre zoologiste du même établissement ? C'est possible.

Il est entendu que le fonctionnement des bathyscaphes est désormais très sûr et que, si divers appareils annexes peuvent encore donner, à l'occasion, quelques soucis, la fonction principale : descendre et remonter, est aisément assurée. Le voyage, cependant, ne saurait encore passer pour banal, comme il le sera plus tard. Pour le moment cela ressemble tout de même encore un peu, et surtout pour le simple passager que je suis, à une aventure. L'esprit humain n'est pas encore habitué à admettre qu'il soit aussi naturel d'aller se promener sous la mer que dans le bois de Verrières. Aussi ne se faut-il pas étonner si de touchantes sollicitudes s'effraient un peu de ce genre d'excursions. C'est ainsi qu'un botaniste de mes amis m'adressait, peu de jours avant le début de mes plongées, ces conseils : "Vous me gêneriez beaucoup en restant au fond des eaux. Au demeurant, je vois mal votre modestie s'accommoder d'un cercueil aussi spectaculaire. Ne faites pas d'imprudences, ne touchez aucune manette, ne brisez surtout pas les carreaux pour attraper par ses nageoires quelque très émerveillant poisson néo-spécifique."

La plongée profonde est, dans l'état actuel des choses, une opération compliquée, exigeant de minutieux préparatifs. Qui s'en étonnerait ? Il faudrait oublier que le *FNRS-3*, s'il est une merveilleuse réussite, est à la fois un nouveau-né et un ancêtre et que dans quelques années, quand il aura lui-même rejoint au Conservatoire des arts et métiers l'avion d'Ader ou de Blériot, il se trouvera pourvu d'une nombreuse progéniture et fera alors figure de tout premier et un peu monstrueux essai, bon à provoquer la stupeur du public ("Dire qu'ils osaient monter là-dedans...") et un concomitant achat de cartes postales.

Aussi ne devais-je pas être autrement surpris de constater tout ce qu'une matière rebelle, et parfois un peu diabolique, pouvait s'ingénier à inventer pour déjouer les projets des hommes. Notre programme dakarois allait connaître de substantiels retards, d'autant plus irritants que nous ne disposions, le commandant Houot et moi-même, que d'un temps limité et que chaque nouveau délai venait ratatiner encore le nombre déjà dangereusement entamé des jours disponibles. A l'hostilité des choses devait d'ailleurs s'allier, pour une offensive qui faillit être victorieuse, la négligence des hommes, pas ceux de Dakar, certes, qui du plus humble au plus gradé ont travaillé de leur mieux au succès de l'entreprise, mais ceux qui, dans l'anonymat d'un bureau métropolitain, pouvaient impunément ignorer les conséquences d'un retard dans l'envoi de tel ou tel indispensable objet.

Et puis, *in extremis*, car nous nous trouvions alors vraiment à la limite, au point de vue des dates, de nos possibilités, après tant de jours d'attente et, il faut l'avouer, d'inquiétudes, Houot me téléphonait pour autre chose que pour une mauvaise nouvelle : "Nous partons ce soir. Appareillage à vingt-trois heures."

En fait, ce samedi soir 17 avril devait être lui-même, pour les techniciens responsables, fertile en incidents. Le problème des projecteurs, d'abord, leur causait quelques soucis et nous ne devions partir qu'avec deux d'entre eux en ordre de marche, sur trois. Et au tout dernier moment, à l'heure prévue pour l'appareillage, une légère gîte du bathyscaphe à bâbord provoque un sondage des silos à grenaille et la découverte que l'un d'eux, sur tribord, s'était entièrement soulagé de sa grenaille sans en avoir attendu l'ordre. D'où un nouveau retard : intervention d'un plongeur pour vérifier la cause de cette intempestive et ferrugineuse diarrhée, remise en place du sphincter incriminé, recharge du silo.

J'attendais dans la nuit, sur le quai, entre un bathyscaphe auquel j'avais déjà pardonné le caprice de ce flux et un énorme remorqueur britannique s'efforçant, au contraire, de réingurgiter, par petits paquets titubants et silencieux, et le canal d'une passerelle étroite, ses marins ivres.

A deux heures, le remorqueur *Tenace* se met en route, tirant au bout d'une "ficelle" (en fait un filin d'acier et une aussière en abaca) l'étrange objet que les matelots ont tôt fait de surnommer, pour la couleur de son pont et de sa baignoire, le "canari".

Dès la sortie du port, on file assez de remorque pour mettre le "canari" à trois cents mètres (cent mètres de câble, deux cents mètres d'abaca) du *Tenace* et en route pour les lieux de pêche.

L'excellent commandant Boschat insiste pour me laisser sa couchette : lui ne dormira guère durant les quelques heures qui nous séparent de l'aube. Celle-ci rassemble pour le "jus" du matin, autour de la table du commandant Boschat, les hôtes de ce dernier : l'ingénieur en chef Fiacre, le commandant Houot, l'enseigne de vaisseau Martin et moi-même.

La mer n'est pas mauvaise, mais la météo a prédit quelque péjoration pour l'après-midi : puisse-t-elle, pour une fois, se tromper.

Nous voici au point prévu pour la plongée : 14° 23' N – 17° 37' W.

Il reste une formalité à accomplir. La maison Bathyscaphe et Cie n'assure pas ses passagers et je dois signer une déclaration affirmant que je suis volontaire pour l'aventure et voyage à mes risques et périls. J'approuve cette précaution juridique qui est légitime. Mais je n'en aime pas les termes, pourquoi y parler de "risques et périls" : y en aurait-il ?

Et le scénario, maintenant classique, va se dérouler. On commence par raccourcir la bride du jaune coursier des mers qui caracole dans la houle, les plongeurs se préparent, endossent leurs vêtements spéciaux, harnachent leurs bouteilles d'air comprimé, chaussent leurs palmes, crachent dans leur masque pendant que les deux dinghies sont vérifiés, gréés et mis à la mer. En deux voyages, cinq escalades de lames et huit derrières trempés, le bathyscaphe a reçu tout son monde. Houot s'engouffre dans le puits pour aller dans la cabine entreprendre les manœuvres rituelles de la prise de plongée et Martin, sur le pont, le tient au courant, par téléphone, de ce qui se passe en surface. Il peut bientôt, après les avoir comptés, lui annoncer que les plongeurs ont bien déposé les étriers qui verrouillaient les organes désormais confiés aux électro-aimants.

Je descends à mon tour m'installer dans la cabine, fort encombrée et où, en particulier, un magnétophone trop volumineux occupe sur le plancher un nombre excessif de centimètres carrés, regrettablement soustrait à celui qu'eût exigé pour son logement la pointe, cependant bien modeste, de mes fesses.

Mais foin de ces problèmes sybaritiques, il y a plus urgent. D'abord le boulonnage de la porte. Il faut être véridique, c'est un exercice extrêmement déplaisant et physiquement assez pénible. L'emplacement même de l'objet sur une surface concave que vous ne pouvez aborder que de front (il y a des obstacles de chaque côté), l'effort musculaire nécessaire au moment où l'organisme passe à l'atmosphère nouvelle de la sphère et où, il faut l'avouer, l'extrême mobilité de celle-ci en surface peut avoir sur l'organisme les effets les plus déplorables, tout cela fait de la cérémonie des boulons le mauvais moment de la plongée. Houot commence, je le relaie, et il achève.

Mais, on le sait, il n'est de houle qu'au plafond : hâtons-nous de lui échapper. Houot commande le largage de la remorque. Le pont est évacué, l'eau admise dans le sas. C'est la plongée qui commence : en phonie le *Tenace* nous renseigne sur ce qui de nous dépasse encore au-dessus de l'eau : "Beaucoup, un peu, pas du tout..." et la voix se tait, l'antenne, à son tour, a disparu, nous voici séparés du monde aérien, auquel ne nous reliera plus toutes les demi-heures qu'une laconique liaison ultra-sonore et, véritablement, "enfin seuls"...

Et en route pour un pays plus vaste que les terres émergées et cependant jusqu'ici inexplorable à toute présence humaine directe.

Dès que l'on a échappé aux tumultes de la surface, c'est le calme total : rien ne bouge et l'on serait même incapable sans un coup d'œil aux instruments de mesure ou un regard par la fenêtre de savoir si l'on se déplace, et dans quel sens. Rien ne nous dira tout à l'heure que nous avons touché le fond, rien non plus que nous en avons décollé pour remonter.

Avec la très rapide cessation de toute agitation, c'est aussi, presque brusquement, la nuit. A soixante-quinze mètres le hublot est, pour l'œil, entièrement obscur, beaucoup plus tôt que je ne m'y attendais. Le phénomène a d'ailleurs frappé Houot lui-même qui a, lui, des points de comparaison.

Avec les ténèbres c'est aussi, tout de suite, l'apparition de la lumière animale. Cette totale obscurité est en fait prodigieusement peuplée. Je ne trouve pas d'autre comparaison adéquate que celle d'un ciel étoilé, mais d'un firmament fantastique où constellations, nébuleuses et galaxies seraient en perpétuel mouvement, à la fois parce que le bathyscaphe se déplace et ne fait que traverser ces voies lactées sous-marines et parce que beaucoup des étoiles ont leur vitesse propre, parfois considérable. Ajoutons que nombre de feux, la plupart peut-être, sont à éclipses, et clignotent inlassablement.

Le spectacle est émouvant et prodigieux, un peu étourdissant pour les yeux comme pour l'esprit, mais il défile à un rythme tel qu'il est pratiquement impossible, sauf dans certains cas particuliers, d'apprécier les détails, de distinguer les formes et, par conséquent, d'identifier, fût-ce approximativement, les acteurs de ce vertigineux carrousel.

Deux objets plongeaient Kant dans une admirative stupéfaction : le ciel étoilé sur sa tête et la loi morale au cœur de l'homme. Passager d'un bathyscaphe en plongée, nul doute que notre philosophe n'eût tenu à ajouter à sa courte liste une troisième "merveille du monde" : le féerique ballet des luminescences organiques pointillant la nuit des abîmes.

Et tandis que, le nez collé au disque de plexiglas de dix centimètres de diamètre qui constitue notre seule surface de contact avec l'extérieur, je tente, sans grand succès d'ailleurs, de reconnaître au passage quelques objets, le joint mal serré d'un manomètre, situé au-dessus du hublot, me baptise goutte à goutte d'un shampooing à l'huile.

En éclairant au-dehors – nous disposions alors de deux projecteurs de puissance différente – on aperçoit une suspension de particules, de débris, de flocons, de filaments, toute une "neige" organique en route sans doute vers le fond et qui doit "pleuvoir" de la surface en une perpétuelle, ubiquiste et bénéfique averse. J'ai observé cette floculation dès le début de la zone obscure (si elle existe dans les couches superficielles elle ne peut y être visible) et jusqu'au fond.

Parfois quelque astre de première grandeur passe devant notre hublot, comme cette magnifique méduse lumineuse aux tentacules courts et droits, ou cet organisme énigmatique, sans doute un Mollusque hétéropode, composé d'un corps cylindrique et d'une longue queue ondulante.

Mais le fond se rapproche. Bientôt, et sans même nous en être aperçus tant l'atterrissage est doux, nous voici posés. Et point du tout, comme je m'y attendais, sur une surface lisse et monotone, mais sur une sorte de "terre labourée", avec des bosses et des trous, et par endroits de petits bâtonnets dressés (hampes de colonies animales). Une belle anémone de mer agite de longs tentacules brunâtres : ceux-ci onduleraient-ils au gré de quelque courant ?

Il fait à l'extérieur 3-4 °C. Nous tentons de photographier le fond. Les flashes électroniques fonctionnent parfaitement mais les projecteurs, par contre, vont, au bout d'un moment, nous laisser dans l'obscurité.

"Qu'est-ce qu'on fait ?" me demande Houot, après avoir, sans succès, taquiné pas mal de commutateurs et de fusibles. Hélas, privés de lumière extérieure, il n'y a guère le choix : il faut remonter, et bien plus tôt que nous ne l'avions prévu.

C'est aussi simple qu'un ascenseur : on appuie sur le bouton "septième étage-surface" et on démarre, dans un petit nuage de vase soulevé par la chute de la grenaille.

Et c'est la lente retraversée d'un firmament tout pailleté d'étoiles, jusqu'au débouché dans l'eau claire de la surface, et pour y retrouver, en pis, la balançoire de ce matin, si déplorablement hostile aux tubes digestifs méharistes. Je regarde avec admiration Houot jouer avec toute une panoplie de vannes : celle-ci, et puis celle-là, et puis encore un petit coup à cette dernière, et je ferme A et j'ouvre B, et je ferme B et j'ouvre C, etc. Dommage que ça ne fasse pas, en même temps, de la musique : avec un pareil clavier il en sortirait au moins un oratorio…

Mais, résultat plus tangible, le sas, purgé à l'air comprimé, se vide. Et, ce faisant, libère la porte. Qu'il va falloir, maintenant, déboulonner. Au moment où s'établit le premier contact entre les atmosphères externe et interne, on entend un sifflement, les oreilles nous bourdonnent, et l'aiguille du baromètre fait un brusque saut en arrière. Et nous émergeons du puits, dans une mer blanchissante, qui déferle sur le "canari" et le balaie copieusement, pour découvrir sur l'horizon un minuscule *Tenace*, qui n'a pu entendre nos appels en phonie et, ne nous attendant que pour plus tard, ne songe sans doute pas que nous pouvons déjà être de retour. Nous le voyons croiser au loin, mais sans parvenir à attirer son attention.

Plusieurs heures durant, réfugiés dans la baignoire, et les pieds au frais, nous serons livrés à ce qu'il est difficile de ne pas nommer, même en style non romantique, la fureur des flots. Qui ne tarde pas à me contraindre à faire remarquer à Houot, en lui en administrant, à ma vive honte, une immédiate démonstration, que l'Ecriture a dit vrai et que si "l'Esprit est prompt, la chair est faible" et singulièrement messire Gaster : "Joyeuses Pâques"…, du moins pour les poissons (de surface) immédiatement ameutés par ma généreuse proclamation : "Directement du producteur au consommateur."

Cet aveu me coûte, mais un naturaliste doit tout dire. Aussi, pour en finir avec cet humiliant chapitre, ajouterai-je que je devais plus tard, au cours de ce mémorable dimanche de Pâques 1954, parvenir à réaliser – et ce n'est pas *tellement* facile – ce qu'en termes nobles je serai contraint de nommer une exonération biliaire par les voies rhinopharyngées : ça ne peut tout de même pas se dire en français.

La branlade alizéenne nous ayant paru digne d'être abrégée, nous tentons l'emploi du poste émetteur dit de sauvetage, dont l'antenne est constituée par la ligne d'un amour de cerf-volant, jaune aussi. Le *Tenace*, d'ailleurs, ayant enfin reçu l'un de nos messages, ne tardera plus à nous rejoindre, pour nous délivrer.

Et la manœuvre recommence, en sens inverse : repose des étriers, etc. Le "canari", dompté, est bientôt accroché à nouveau au bout de sa longe, résigné à se laisser ramener à l'écurie, où nous arriverons lundi matin, de bonne heure.

Un moment plus tard, tout était rentré dans l'ordre, le bathyscaphe sagement amarré contre son ponton. Et les matelots britanniques toujours là, mais plus ivres le moins du monde, sont en train d'appareiller pour le Royaume-Uni.

Ce wharf de l'arsenal m'est familier et plein de souvenirs : à plusieurs reprises le *Scaldis* s'y était amarré en 1948 et c'est de là que nous étions partis pour les îles du Cap-Vert.

Mon ami Houot me plaisante : "Vous voici le «huitième homme» à avoir dépassé huit cents mètres : Beebe, Barton, les deux Piccard, Cousteau, Willm et moi... Et vous avez battu votre propre record..." Il faisait allusion, le méchant, aux vingt-cinq mètres de ma première plongée en bathyscaphe, en 1948.

C'est vrai, j'ai "amélioré mon score", comme dirait le journal sportif. Ce n'est d'ailleurs pas fini : *Quo non descendam... ?*

Trois jours plus tard, le 21 avril au soir, le *Tenace*, tirant toujours son "canari" par le nez, appareillait à nouveau. Ce sera une seconde et dernière plongée, car il ne peut plus, faute de temps, y en avoir de troisième. Ma déception est très vive, naturellement, et non moins grand le ressentiment que je nourris à l'égard des anonymes parisiens qui, en retardant par leur négligence l'envoi des pièces tant attendues, allaient compromettre notre programme.

Je suis, bien sûr, très heureux d'avoir pu, quand même, prendre déjà au moins un bout de revanche sur mes espoirs frustrés de 1948. Mais je ne puis tout de même pas faire semblant de trouver normal, ou plaisant, qu'un programme arrêté de trois plongées puisse se voir efficacement ruiné par de lointaines irresponsabilités.

Le mercredi soir 21 avril, à 21 h 25, le *Tenace* appareillait à nouveau, suivi de son docile et fidèle "canari". L'aube nous trouve à environ vingt-cinq milles au sud-ouest de Dakar, sur une mer quelque peu houleuse sur laquelle se jouent puffins et pétrels.

A 8 h 05 nous prenons pied sur le bathyscaphe, qui roule copieusement. Un des dinghies, pris par la crête d'une vague, se retourne, avec un seul homme à bord, heureusement.

Etriers déposés, remorque larguée, nous pénétrons dans la sphère à 8 h 50 et nous livrons, pour commencer, aux joies de la mise en place et du serrage des seize boulons de la porte qu'il est prudent d'intercaler entre l'eau de mer et les incorrigibles curiosités du zoologiste.

Mais, le sas rempli, rien ne bouge : l'engin refuse de plonger. Il va falloir pour l'y contraindre près d'une heure encore d'efforts, et l'alourdir en le débarrassant d'une certaine quantité de son essence, tandis que nous parviennent du *Tenace*, en phonie, les commentaires les moins encourageants : "Situation stationnaire... le tiers de la baignoire demeure émergé..."

Mais l'animal, sans nous obliger à refaire surface pour une réalimentation en grenaille, se décide enfin à décoller, échappe à l'étreinte d'une houle jalouse peut-être de le voir en route pour le royaume de l'immobilité, et amorce sa descente : il est 10 h 08.

Je regarde sur une gamme de couleurs, peintes sur papier, disparaître, presque tout de suite, les rouges, passés au noir. Ces taches d'aquarelle sont posées sur un menu sud-africain où j'apprends que "vol-au-vent Carlton" se dit en afrikaans *Tongrispasteitjies met Sampioene.*

Vers cent, cent vingt mètres, la nuit est là, et tout de suite commence le feu d'artifice, qui ne cessera qu'à l'arrivée sur le fond. Cette fois-ci, j'ai décidé de consacrer la descente aux observations dans l'obscurité. Mon ami Cocheteux, toujours ingénieux, m'a fabriqué, avec un masque de plongée privé de sa glace et un cercle de métal, une sorte de "regardoir-œillère" destiné à protéger des lumières de la cabine.

Nous descendons lentement, dans des ténèbres pailletées d'étincelles. Singulière impression d'avoir pénétré dans un monde nouveau et remarquablement différent de celui auquel nous sommes accoutumés. L'entre-deux-eaux, c'est vraiment, pour un Primate, un peu inquiétant : tant d'eau, tant de nuit, et dans toutes les directions... Le fond, ça rassure, même s'il est à quatre mille mètres sous la surface. Houot m'en faisait la remarque en cours de route : le fond, du solide, du palpable, c'est à nouveau le contact avec la "terre ferme" : après avoir tant nagé, on reprend pied, on se sent un peu "chez soi".

Nous nous sommes posés, tout doucement, sur l'argile. Nous voici arrivés à destination : mille quatre cents mètres, l'eau à 2 - 3 °C. La température interne de la sphère descendra peu à peu à 11 °C et, malgré nos chandails, nous n'aurons pas chaud à la fin des cinq heures que nous allons passer au fond de la mer, à regarder de tous nos yeux – et nous n'en avons que deux chacun ! – par la portière. Celle-ci est bien petite et, il faut le dire, bien malcommode, car il faut à la fois incliner l'échine, redresser la tête, loger ses genoux (cette fois-ci j'ai apporté un petit coussin) et trouver à caser ses jambes ; cela fait bien des acrobaties simultanées et je ne serai pas surpris, au lendemain du pique-nique abyssal, de la sévérité des courbatures qui vont m'endolorir les cuisses. J'ajoute – à l'usage de ceux qui, plus astucieux ou meilleurs acrobates, auraient à cet égard des conseils utiles à donner – que le trou est à cinquante centimètres du plancher et sur une surface *concave* : si on avait un œil au dos, ou en bas de ce dernier, tout serait simple, mais notre recto, par sa structure même et l'orientation de ses jointures, éprouvera toujours quelque peine à épouser la face interne d'une sphère.

Il s'y faut pourtant résigner et ne rien perdre du spectacle extérieur.

Voici, d'abord, le fond, plus mamelonné que jamais, avec tout plein de bosses – tiens, un amour de petite colline conique, un vrai Fuji-Yama en miniature – et de trous, des terriers, évidemment. Cela paraît si fraîchement remué qu'on s'explique fort bien la note de Houot, découvrant le fond sous quatre kilomètres d'eau : "Traces de pas", au risque certain de plonger les lecteurs officiels du journal de bord dans de cruelles perplexités quant à l'équilibre mental des observateurs, comme lorsque ceux-ci, faisant allusion aux condensations internes dans la sphère, annonçaient : "Trois cents mètres – pluie."

Ce sol est relativement compact. Bien sûr, nos jets de lest ou le traînage du bout de chaîne qui constitue notre guiderope soulèvent quelques nuages mais les tas de grenaille dont s'exonère le monstre restent sur le sol, bien visibles, nullement enfoncés, comme autant de bouses géantes et le passage du guiderope sur l'argile, au lieu de se révéler par une trace simple ou aussitôt refermée, laboure un sillon fortement marqué et qui, sur ses bords, a fait éclater le sédiment, craquelé de cassures normales à la gouttière.

Nouvelle surprise : il y a du courant, il y a même beaucoup de courant, assez au moins pour entraîner passivement des animaux non nageurs, de grands Pycnogonides (*Colossendeis*?), par exemple. Mouillés sur notre guiderope, et immobiles, nous assistons à un incessant défilé d'animaux, méduses, qui parfois progressent sur le fond même par culbutes, Chaetognathes aux vives détentes, crevettes rouges qui souvent se laissent emporter toutes droites sur l'eau, leurs immenses antennes symétriquement recourbées, avec beaucoup d'organismes énigmatiques. Et quand nous nous libérons du sol, nous partons à notre tour à la dérive.

Au point de vue du peuplement, on doit remarquer d'abord que la faune proprement pélagique descend, littéralement, jusqu'au contact du fond, sur lequel viennent rouler les méduses. Cependant, je n'ai vu à proximité du fond que très peu d'éclairs animaux, sans rien de comparable aux feux d'artifice de la pleine eau.

Avons-nous vu peu ou beaucoup d'animaux au fond ? Numériquement, la réponse est évidente : peu. Deux Astéries, un Pennatulidé, un crabe, une quinzaine de poissons : maigre butin, peut-être, mais songe-t-on au rapport entre la surface, véritablement punctiforme, microscopique, de notre observation et l'énormité des étendues en cause ? Faites l'expérience : regardez un bois, ou un champ : 1. à travers un tube de carton ; 2. à quelques mètres de distance ; 3. en vous déplaçant très peu, et donnez-moi la liste de ce que vous aurez saisi à travers votre hublot en cinq heures de guet : *un* papillon, ou zéro ?

Parmi les poissons observés, citons : une grande raie (du genre *Raja*), quelques petits squales gris- violet sombre d'environ un mètre, un mètre cinquante (peut-être *Centroscymnus*), des *Halosaurus*, posés sur le sol, la tête au courant et faisant onduler leur longue queue flagelliforme, des Gadidés (du côté de *Physiculus-Brosmiculus*), brun foncé, une lourde espèce grise, aussi baptisée, avec quelque irrévérence, “le cochon” et qui peut difficilement ne pas être un Brotulidé (*Neobythites* ?) ; d'autres n'ont été qu'entrevus trop rapidement pour que la moindre hypothèse plausible sur leur état civil puisse se voir aventurée. Une espèce de taille moyenne (environ vingt centimètres ?), argentée, à queue filiforme, était-elle un *Stylophorus* ? Je ne le saurai jamais.

Mais je sais, par contre, que j'ai revu le crabe géant aperçu par Houot et Willm au cours de leur plongée à sept cents mètres au large de Dakar.

Nous avions décollé du sol et mis les moteurs en marche ; le ballon dirigeable, en rase-mottes, glissait sur le fond que je voyais défiler sur le hublot de proue[1] ; soudain, sur tribord, un crabe énorme, dont la carapace peut bien faire environ cinquante centimètres de large, et que nous

1. *Fonctionnellement* de proue, car *morphologiquement*, il est à l'arrière.

dépassons aussitôt. Nous tentons bien, en manœuvrant – une étoile de mer d'un rose pâle nous sert de point de repère – de le retrouver. Peines perdues, nous ne le reverrons plus. Mais le coup d'œil que j'ai pu lui jeter me donne à penser qu'il peut s'agir d'un représentant géant, et sans doute encore inconnu, du genre *Geryon* ; je souhaite que, le jour où il aura consenti à se faire prendre, le nom de l'espèce à créer rappelle l'engin qui aura le premier permis de déceler son existence.

Mais le temps passe, et les servitudes physiologiques refusent de céder devant l'intérêt de notre exploration : "Si on cassait la croûte ?" – "Entendu", me répond Houot, et nous nous installons pour dévorer les sandwiches de l'aimable commandant Boschat ; son café va nous réchauffer, il fait, dehors, 2 °C.

Mais il faudra songer à regagner le pays de la houle, du soleil et des embêtements : on était pourtant rudement bien au fond. Je comprends qu'on y prenne goût, à ces cures de benthophilie, au royaume ténébreux et glacé du calme, du silence et de la paix.

Et l'ascension va commencer. Houot joue avec son clavier de boutons écarlates pour nous délester et, ce faisant, nous alléger. Il largue le guide-rope, que nous laissons en souvenir au crabe géant : l'engin s'ampute volontairement de sa queue, par une véritable autotomie.

Sitôt le fond quitté, et jusqu'à la lumière du jour, c'est un grouillement d'organismes et, quand nous éteignons le projecteur, un pétillement d'étincelles. Il me semble que ces lueurs se font particulièrement nombreuses vers six cents, cinq cents mètres. Mais tout se déplace si vite qu'il est impossible de suivre assez longtemps le moindre objet pour tenter de l'identifier. Ce fuseau allongé est peut-être un Cténophore, et cette affaire rouge qui lâche des éclats verts paraît un calmar. Encore des méduses et des crevettes.

Aujourd'hui, j'ai la nette impression que cette purée organique dont nos projecteurs révèlent à tous les niveaux de notre remontée l'existence est entièrement vivante. Il sera très difficile de faire le départ entre le plancton proprement dit et la "neige de mer", entre la fraction vivante et l'inerte. Une chose, pourtant, est désormais certaine : dans les épaisseurs de mer déjà traversées par le bathyscaphe, le peuplement pélagique est présent, et si frappant que les mots de "purée", "soupe" et "bouillon" reviennent sans cesse sur les lèvres des observateurs, de la surface jusqu'au contact du fond.

Il nous faut une bonne heure pour grimper et retrouver, avec la lumière, la partie d'escarpolette. Dès que le bathyscaphe émerge, Houot appelle en phonie le *Tenace* qui, immédiatement, répond : "Ici *Tenace*, ici *Tenace*, allô Bathyscaphe, allô Bathyscaphe, où êtes-vous ? M'avez-vous compris ?" – Question à laquelle Houot, sur le conseil de son facétieux compagnon, répond : "Je suis quelque part sur l'Atlantique, du moins je l'espère." – "Nous ne vous avons pas au radar… il y a un Sunderland qui vous cherche…" Quelques minutes plus tard, le *Tenace* annonçait que, nous ayant aperçus, il faisait route sur nous. Il nous reste à dévisser les boulons de la porte, à décoller et à basculer celle-ci.

Je me glisse par l'ouverture, grimpe dans le puits et ouvre la porte de ce dernier. Il est dix-huit heures. Les hommes du *Tenace* sont déjà sur le bathyscaphe pour la manœuvre.

Rentrés à bord du remorqueur, nos amis nous avouent que nous leur avons fait une belle peur en restant si longtemps absents. Mais pouvions-nous ne pas profiter au maximum d'une pareille opportunité ?

Après huit ans d'attente, je marque un point. Non pas pour me trouver ce soir ce que Houot se plaît, pour me taquiner, à appeler le "5e homme", non ce n'est pas de cela qu'il s'agit, mais pour avoir vu de mes propres yeux des spectacles que le zoologiste n'avait pas eu le privilège de contempler encore, pour avoir éprouvé, une fois de plus, et ici dans un domaine plus nouveau encore pour l'homme que tout autre, la joie de pouvoir, si modestement soit-il, contribuer au progrès de nos connaissances.

L'exploration de la planète se poursuit : ne fallait-il pas que l'énorme volume des océans connût à son tour l'invasion du chercheur ? Après tout, il y a plus d'eau que de terres émergées sur notre boule, et il était grand temps de songer à achever, par la plongée, l'inventaire du globe. Nous venons de commencer à peine et il y en a, soit dit sans vouloir décourager personne, pour un nombre coquet de siècles... Raison de plus, bathyscaphiers, mes frères, pour mener désormais sans relâche votre pacifique offensive : *Ad majorem scientiae gloriam...*

VIII

PETIT GUIDE PRATIQUE DU BATHYSCAPHIER AMATEUR

> *Vieil océan... tu ne laisses pas facilement deviner aux yeux avides des sciences naturelles les mille secrets de ton intime organisation ; tu es modeste. L'homme se vante sans cesse, et pour des minuties... Bienheureux sont-ils, quand tu ne les enveloppes pas définitivement dans tes plis bouillonnants, pour aller voir, sans chemin de fer, comment se portent les poissons, et surtout comment ils se portent eux-mêmes. L'homme dit : "Je suis plus intelligent que l'océan." C'est possible, c'est même assez vrai ; mais l'océan lui est plus redoutable que lui à l'océan... Je te salue, vieil océan !*
>
> *Les Chants de Maldoror*, I.

Et maintenant, songeons aux choses pratiques. Et sérieuses. Laissez-moi donc vous imaginer prêt – ou prête, car le sport abyssal ne demeurera pas longtemps masculin – à plonger vous-même et désireux – ou désireuse – de recevoir d'un "aîné" les quelques conseils et renseignements qui vont faciliter, du moins je l'espère, votre initiation à un mode de déplacement encore peu pratiqué. Et si nouveau que vous chercheriez en vain, même dans les meilleures librairies, le "Guide", le "Traité" ou le "Manuel" nécessaire à votre initiation, alors que le joueur de ping-pong ou d'échecs, le fervent d'alpinisme ou de natation, l'éleveur de serins, le philatéliste ou l'amateur de cactus trouveront sans peine une ample littérature spécialisée.

Futurs bathyscaphiers, vous êtes moins bien partagés. Aussi vous veux-je venir en aide et vous faire fraternellement bénéficier de ma courte expérience. Mes amis Houot et Willm eussent été à cet égard bien plus qualifiés et singulièrement plus compétents que le modeste amateur que je suis encore. Toutefois, n'ayant pas osé leur suggérer, pour le beau livre qu'ils sont en train d'écrire, un chapitre de "Conseils aux débutants", ma bonne volonté tentera de suppléer de son mieux à mes insuffisances.

Tout ceci vous paraîtra peut-être bien inactuel : vous n'avez aucune chance de plonger vous-même et n'éprouvez par conséquent aucun besoin de vous y préparer. Il est vrai qu'il n'existe encore, de par le monde, que deux bathyscaphes et que seront nécessairement peu nombreux les privilégiés admis à la joie de pouvoir rendre visite à domicile aux animaux abyssaux. Mais cela changera : il fut aussi un temps où n'existait qu'un *seul* chariot, une *seule* chaise à porteurs, une *seule* automobile, un *seul* avion… Et nous verrons un jour les pages d'annonces de nos journaux nous recommander les marques les plus sérieuses et les modèles les plus variés :

BATHYSCAPHE *NÉRÉIS*
0-1 500 m. Autonomie : 8 jours
Hublots maquereauscopiques brevetés
extra-clairs
2 places, fauteuils Pullman inclinables
Recommandé pour voyages de noces
Facilités de paiement

THALASSOSPHÈRE *POSÉIDON* GRAND SPORT
Non décapotable
0-3 500 m, 4 moteurs, 150 CV (système π 1/4)
Vitesse de croisière : 30 nœuds

1er prix au Critérium bathynautique 1980
(Brest-New York et retour par le fond)
En supplément : remorque-caravane (2 couchettes)

BATHYSCAPHE *LE FAMILIAL*
0-2 000 m. Chauffage atomique
Hublots Grandchamp indépolissables
Piège à crevettes. Télévision
Teintes mode : gris requin, rose actinie
bleu ptéropode, violet holothurie
Idéal pour le week-end
Chez tous les bons bathygaragistes

Une révolution dans la bathynavigation
Officiers, magistrats, ecclésiastiques
amateurs de sciences naturelles
représentants de commerce
L'HYPONECTES 434 A
de la
Société d'entreprises bathypètes
vous offre des possibilités nouvelles
avec une sécurité sans précédent
Cabine renforcée insoluble
Réservoirs grande capacité
Essence de secours en ampoules dosées
Pilotage automatique radio-télé-vitamino-commandé
Lecteur de microfilms. Moule à gaufre
Presse-purée et moulin à café fonctionnant sans frais
sur le courant marin
TOUT CONFORT
Sanitaires de grand luxe émail vert d'eau
Tout-à-l'abîme (sens unique garanti)
Prix modéré

Ne serait-ce qu'en prévision de cet avenir qui verra se populariser un mode de transport qui, s'effectuant en eau très calme, épargnera le mal de mer à ceux qui redoutent les agitations de la surface, n'est-il pas prudent de se familiariser un peu dès aujourd'hui avec le fonctionnement et l'emploi d'un appareil aux boutons duquel (il n'y a pas de volant) vous pouvez vous trouver tôt ou tard ?

Cette préparation à la bathyscaphie, elle sera, d'abord, lointaine, car il faut bien "commencer par le commencement" avant d'en arriver aux détails pratiques d'exécution.

Elle exigera donc, en manière de préambule, quelques remarques psychologiques. Pourquoi désirez-vous, pourquoi allez-vous plonger, scellé dans une boule de métal ? C'est tout de même une question à poser et "préjudicielle", comme diraient les hommes de loi. Car je n'ai nulle intention de perdre ma peine à documenter, s'il pouvait en exister, des bathyscaphiers mal intentionnés, ou simplement frivoles. J'écarte l'hypothèse, bien entendu, d'un emploi belliqueux de ce magnifique et pacifique engin : ce serait à désespérer de l'*Homo* prétendu *sapiens* si l'on découvrait le moyen de l'utiliser à des fins impures. Je veux croire la chose impensable, et, cependant, je frémis... Mais écartons aussi, encore que moins scandaleux peut-être, ce que j'appellerais volontiers les aspects futiles de l'opération – éventuels bien entendu : la vanité, le goût de l'exploit sportif, la hantise du record (du type : la première femme en bathyscaphe, ou le premier monsieur de plus de quatre-vingt-seize ans, ou le premier à avoir plongé "avec des pantoufles", ou "sans pantalon", ou "en état d'ébriété", etc.). La plongée est chose sérieuse, il y faut des gens sérieux et qui aient une raison valable de se ruer aux abîmes.

A mon avis, il n'en saurait exister qu'une seule : le progrès de nos connaissances, la poursuite de l'exploration de la planète par l'étude, sur place, des fonds sous-marins et de leur faune.

Mais cet objectif, c'est, évidemment, le vôtre. Je puis donc poursuivre, rassuré, mon petit exposé, certain de n'avoir affaire qu'à de loyaux compagnons de l'aventure sous-marine et, pour un peu, à des collègues.

Avant d'aborder la phase active de l'opération, acrobaties dans le puits du sas, serrage de boulons, postures de yogi, etc., songeons à notre préparation intellectuelle. Avant d'y aller voir par vous-même, il vous faut savoir, et par conséquent apprendre, un certain nombre de choses. Et, également, en désapprendre un certain nombre d'autres.

Commençons par ces dernières. Ce qu'il vous importera d'oublier c'est ce que je résumerai d'un mot : la mythologie du sujet, ce lourd fardeau d'idées toutes faites, d'affabulations romanesques, de notions à demi vraies, ou complètement fausses, tout ce fatras, poétique parfois, mais à jeter résolument par-dessus bord pendant que notre bathyscaphe est encore en surface, et dont l'homme, fasciné par le mystère d'un monde inaccessible, a tenu à encombrer les grands fonds.

Cet aveu m'est pénible, croyez-le. Je préférerais de beaucoup que *Vingt mille lieues sous les mers* eût dit vrai, qu'il existât, pour le déduit des bathyscaphiers, des sirènes, que le fond des mers soit couvert d'épaves, de ruines de cités disparues et d'Atlantides englouties. Mais je ne puis tout de même pas, pour faire plaisir aux hebdomadaires à gros tirage, faire semblant d'y croire.

Par contre, je vous conseille très vivement de perfectionner vos connaissances dans les deux domaines suivants : l'histoire de la plongée et la zoologie marine.

Il faut savoir quelque chose des séculaires efforts de l'homme pour pénétrer dans le milieu aquatique. J'en ai d'ailleurs déjà parlé plus haut, en vous recommandant quatre excellents livres. Il est bon de se le rappeler : l'homme a, de tout temps, subi cette attirance, cet envoûtement du mystère océanique, et souhaité connaître ce qui s'y cachait dans les ténèbres, sous la surface ensoleillée, blanche d'écume. Les moyens techniques d'assouvir son désir ne sont que depuis peu en sa possession. Et par ailleurs la terre ferme, si petite fût-elle en comparaison des immensités marines, constituait, à l'échelle humaine, un terrain déjà passablement vaste à inventorier, avec des régions difficiles, haute montagne, déserts, forêt dense ou calottes polaires.

Mais aujourd'hui c'est, avec la plongée profonde, la totalité de la planète désormais accessible aux constatations du savant.

Tout ceci, qui confère quelque solennité aux activités bathyscaphières et un sens profond à la grave exaltation de ses pionniers, doit être connu du néophyte.

Mais ce dernier, sous peine de voyager à travers les eaux comme un simple et inutile colis, comme un touriste, doit savoir au moins quelque chose de la vie sous-marine, des principaux groupes animaux qui la composent, de leur aspect, de leur comportement. Je sais bien que la contemplation a ses droits et que la sensibilité de l'artiste, en face de la forêt, s'embarrasse peu des scrupules du botaniste. Et qu'il n'est nul besoin d'être astronome pour recevoir du ciel étoilé un message d'humilité et de vertige.

Je ne verrai donc un jour aucune objection à ce que peintres, musiciens, poètes et curieux à bord de bathyscaphes spécialisés (avec chevalets et pianos) aillent découvrir chez les *Acanthephyra* et les *Nematocarcinus* des émotions inédites. Pour le moment, toutefois, il paraît sage de songer, en priorité, à l'aspect scientifico-technique du problème, donc à vous : l'aquarelle et la symphonie viendront en leur temps.

Il vous faudra par conséquent, nous en sommes tombés d'accord, vous familiariser avec la faune marine, en général et, plus spécialement, avec celle de l'entre-deux-eaux et celle du fond, non côtier bien entendu, d'un mot avec la faune de la partie obscure de la mer. Cela ne sera d'ailleurs pas si facile. S'il s'agissait d'animaux littoraux, je vous dirais : retroussez votre pantalon (ou votre robe) et allez patauger à marée basse pour y observer la faune à domicile, puis, au moyen de quelques manuels à la fois simples et exacts, tenter d'identifier vos clients. Pour les profondeurs, c'est moins simple, évidemment. Ce n'est guère que dans les musées ou dans les livres que vous pourrez faire connaissance avec les types principaux d'organismes abyssaux. Il existe heureusement à leur sujet de nombreux ouvrages, des plus élémentaires aux plus redoutablement techniques. Une bonne bibliothèque saura vous orienter à cet égard. Vous ne les regarderez jamais trop, ces portraits : faites provision, dans un coin de votre mémoire, d'une riche collection d'images, d'un opulent "album de famille". Un beau jour, cela vous servira quand, l'œil collé au trop petit hublot, un coup de projecteur vous révélera soudain, trop vite disparue, une forme énigmatique : tiens, tiens, mais ne dirait-on pas un *Macrurus*, un *Ceratias*, un *Melanocetus* ? Ma parole, mais c'est un *Argyropelecus* !

Je pense qu'il est à peine besoin de vous recommander quelques informations concernant les principes de physique qui président au fonctionnement des bathyscaphes et à l'anatomie de ces derniers. On imagine mal un automobiliste ignorant tout de la physiologie de son animal : cela existe, hélas, je ne le sais que trop par expérience, mais sans en être fier le moins du monde, je vous l'assure.

On aura trouvé plus haut divers renseignements techniques sur les bathyscaphes mais il n'est peut-être pas inutile de rappeler que le principe présidant à leur construction repose sur les lois les plus élémentaires de l'hydrostatique.

Le théorème d'Archimède nous enseigne que tout corps solide plongé dans un liquide en équilibre subit une poussée verticale, dirigée de bas en haut, égale au poids du liquide déplacé et appliquée au centre de gravité du liquide déplacé (ou centre de poussée).

Appelons P le poids du corps immergé, F la poussée d'Archimède. Si P > F l'objet "coule", si P = F il est en équilibre au sein du liquide, si P < F il s'élève.

Le bathyscaphe doit pouvoir tour à tour descendre, s'arrêter et remonter. Et par conséquent avoir un poids variable tantôt supérieur, tantôt égal, tantôt inférieur à la poussée d'Archimède.

Comment y parviendra-t-on ? Au moyen des deux éléments suivants : un corps capable d'assurer à l'appareil une poussée d'Archimède supérieure au poids, c'est-à-dire une force ascensionnelle, et un autre permettant la descente en rendant, temporairement, le poids supérieur à la poussée verticale.

Ce serait ici, dans le premier cas, l'essence (densité notablement inférieure à celle de l'eau) du flotteur et, dans le second, le lest (grenaille de fonte) des silos.

En fait les choses sont un peu plus complexes, car l'hydronaute dispose de deux autres méthodes d'alourdissement : le remplissage du sas par l'eau de mer et le largage d'une certaine quantité d'essence, et il peut, pour s'alléger, se débarrasser, en cas de nécessité, de divers poids supplémentaires (grenaille de plomb, batteries externes).

Rappelons d'autre part, d'abord que les réservoirs d'essence sont en communication avec l'eau de mer et que par conséquent les pressions sont identiques de part et d'autre de leur paroi, qui dès lors n'a pas à être protégée comme doit l'être la cabine ; ensuite que le lest de manœuvre, le lest de sécurité, le guiderope, les batteries extérieures sont fixés à des électro-aimants : dans le cas des silos à grenaille de fonte, c'est le champ électrique qui provoque à l'orifice de sortie inférieure un bouchon obturateur ; il suffit donc de couper le courant pour provoquer l'écoulement de la grenaille, et, par conséquent, le délestage.

Vous voici suffisamment instruit sur l'engin qui va vous emporter au fond des eaux, le moment de votre plongée approche, il faut songer maintenant à divers détails pratiques qui auront bientôt leur importance.

Les bagages du bathyscaphier... Qu'allez-vous devoir emporter ? Ni votre papa, ni votre maman, ni le magazine de monsieur, ni la revue de madame, ni les "Conseils pratiques" de votre quotidien ne vous le diront. Et c'est bien pourquoi je viens mettre à votre disposition ma jeune expérience.

Notez d'abord qu'il y a en fait deux problèmes puisque, jusqu'au bout de la plongée, durant le remorquage, qui pourra durer, dans certains cas, des jours et des jours, et plus tard des semaines, vous allez vivre à bord d'un bâtiment de surface, vraisemblablement petit et par conséquent, s'il y a de la mer, remarquablement mobile. Vous aurez donc à prévoir séparément ce qu'il vous faut pour le trajet horizontal, ce qui vous sera nécessaire dans la sphère pour le voyage vertical.

Un mot, pour n'avoir plus à y revenir, sur un sujet un peu humiliant : le mal de mer. C'est extrêmement désagréable, même pour un touriste, mais désastreux pour qui a une fonction déterminée à remplir. Le petit bateau d'accompagnement, le bathyscaphe en surface vont remuer. Ne tentez pas Neptune, jouez-lui un bon tour, prenez un comprimé : les spécialités *ad hoc* ne manquent pas. Ce sera, pour vous, la certitude de pouvoir travailler sans malaise et, pour vos compagnons, une charité.

Pour le bateau : vêtements *ad libitum*, suivant latitude et saison, nécessaire de toilette suivant durée des trajets et, bien entendu, des livres ; facultatif : échiquier de voyage, poker d'as, jumelles.

Les bagages "endosphériques", si je puis dire, peuvent être divisés en deux lots, l'un qui pourra se voir déposé à l'avance, dès l'appareillage, dans la sphère et par conséquent ignorer les périls du dinghy et rester sec, l'autre qui sera transporté au dernier moment, avec le passager lui-même qui aura nécessairement, de toute façon, quelques bricoles à ajouter, ne fût-ce que son carnet, son thermos (incassable, si possible) ou ses sandwiches.

La tenue du bathyscaphier doit prévoir à la fois la fraîcheur des profondeurs et les risques d'aspersion qu'impliquent trajet en dinghy, escalade du flotteur et, si la mer brise, séjour sur ce dernier. Je conseille donc de découvrir les œuvres vives et de charger les hauts : jambes nues, short, un ou deux chandails ou pull-overs, le tout aussi peu fragile que possible ; il s'agit d'une tenue de travail que l'on doit pouvoir exposer sans crainte aussi bien à la morsure de l'eau salée qu'à la caresse d'un métal graisseux.

Chapitre de la chaussure : légères, car elles seront nécessairement mouillées. Si l'on n'est pas frileux, on peut aller pieds nus, sinon une bonne paire de chaussettes sèches sera, dans la sphère, une judicieuse précaution.

Les paraphernalia du plongeur doivent occuper un volume réduit, au plus celui d'une serviette de taille moyenne. Ils doivent contenir du papier à écrire de réserve (carnet ou cahier), des crayons de rechange, le ravitaillement de l'appareil en pellicules, le casse-croûte, le ou les thermos (thé ou café très chaud).

Sur l'homme : carnet, crayon (si possible attaché à une ficelle et porté en sautoir pour l'avoir constamment sous la main), couteau, mouchoir. Si l'on accepte de céder aux tentations de la sensualité, ajouter quelques bonbons, pastilles de menthe, ou autres luxueux suppléments.

Il sera miséricordieux de prévoir, pour épargner aux genoux de l'observateur le meurtrissant contact d'une cornière ou d'un plancher aux rudes aspérités, un petit coussin, ou un gros chiffon pouvant en tenir lieu, ou mieux, les deux.

Bien entendu : "Défense de fumer", dans la cabine dont l'atmosphère deviendrait dangereusement irrespirable, comme sur le pont : avec soixante-dix-huit mille litres d'essence sous les pieds on ne sera jamais trop prudent.

Vous voici à pied d'œuvre, arrivé au petit jour sur le lieu de la plongée. Si le sondeur ultrasonore du bâtiment accompagnateur peut vous donner une dernière sonde, tant mieux, sinon, il faudra vous contenter des indications de la carte hydrographique.

N'oubliez pas de convenir avec le bâtiment des signaux conventionnels que vous allez émettre en plongée, par ultra-sons, pour indiquer, de demi-heure en demi-heure, votre profondeur, le rituel "tout va bien à bord", et l'annonce de votre délestage et de votre remontée.

Bâtiments et bathyscaphes sont stoppés, sur une mer que je vous souhaite d'huile. Car si le vent s'est levé les opérations n'en seront pas facilitées. Les dinghies ont été mis à l'eau, ils montent et descendent le long du bord, car il y aura sans doute une honorable "levée" : votre brassière de sauvetage sanglée, vous allez sauter dedans et le minuscule canot-radeau-mouille "machin"-pneumatique va, à grands coups d'aviron, chargé de trois, quatre ou cinq hommes, se diriger vers le bathyscaphe. La promenade est assez amphibie mais pas désagréable : un esquif sans quille, posé et collé sur l'eau, grimpe les crêtes et dévale les pentes avec une parfaite aisance. Le pis qui puisse arriver est le retournement : c'est d'ailleurs en prévision de cet événement qu'on vous a muni de quoi améliorer votre poussée d'Archimède personnelle.

Si vous avez avec vous dans le dinghy des objets précieux craignant l'humidité, ne les posez pas "par terre" : le fond sera certainement marécageux.

La houle vous rendra peut-être un peu difficile l'accès du pont du bathyscaphe ; ne vous pressez pas, attendez l'instant favorable, mais une fois celui-ci arrivé, n'hésitez plus, et sautez. Des mains secourables vous auront d'ailleurs facilité le pas et il y a, d'un bout à l'autre du pont, de miséricordieuses mains courantes en câble d'acier qui apportent à la progression des bipèdes une aide qui est, par gros temps, la très bienvenue.

Vous êtes passager : pour l'instant vous n'êtes bon à rien, ou presque. Ne gênez pas la manœuvre. Tenez-vous dans la baignoire, en attendant que le pilote, qui vous a précédé dans la sphère, vous fasse signe de le rejoindre ou, remonté sur le pont pour quelque ultime vérification, vous demande de le précéder à la cave.

Voici venu le moment de descendre. Ce n'est pas si compliqué, du moins dans le sas lui-même. Il y a une échelle à barreaux de fer, un peu gras : prenez garde de glisser. Au fond du puits vous attend une petite difficulté : du dernier échelon vous atterrissez sur le cône-porte rabattu vers l'extérieur (de la sphère) et par conséquent oblique sur le plancher du sas. Il s'agit maintenant de se glisser dans la sphère par son "trou d'homme" : trente-huit centimètres de diamètre, j'en connais beaucoup qui ne passeraient pas, même en tortillant les épaules et en fronçant le croupion. Mais si vous possédez le "format bathyscaphe", avec un peu d'habitude vous y parviendrez sans peine : aborder l'ouverture pieds en avant et sur le dos, se laisser glisser dans la "boîte aux lettres" jusqu'à ce que les pattes de derrière rencontrent, dans la cabine, le siège-marchepied, puis poursuivre l'intromission en lui donnant un mouvement hélicoïdal habilement ménagé et juste suffisant pour vous amener à l'intérieur face à la porte : cent quatre-vingts degrés y pourvoiront.

Une fois à bon port, redressez-vous, regardez par terre pour ne pas marcher sur quelque appareil fragile ou quelque fil mystérieux, cherchez un angle mort pour y caler la serviette au casse-croûte, accrochez votre appareil photo où vous pourrez et, parcourant de l'œil – la visite sera rapide – votre nouvel habitat, repérez le coin tranquille où le bas de votre dos pourra trouver logement.

Le problème paraît compliqué : il est, en fait, enfantin car, vous pouvez m'en croire sur parole, une sphère de deux mètres de diamètre passablement encombrée (sauf au plafond) admettra difficilement, sans acrobaties ridicules ou périlleuses, plus de deux cœurs, quatre poumons, deux paires de fesses et vingt doigts de pied, le tout de modèle courant, type "mâle adulte standard".

Le pilote a droit à une sorte de strapontin, encastré entre l'usine à oxygène et celle à air comprimé : il a le dos à la porte et peut de là surveiller et manipuler à loisir tous les jolis boutons et cadrans de la moitié tribord de la sphère. L'observateur n'a pas davantage le choix : il s'accroupira devant le hublot. Rien de plus facile que d'approcher l'œil de ce dernier, mais le reste du corps ne suit pas, ou suit mal : comment et où il casera, en particulier, ses membres postérieurs, je l'ignore encore : qui sait si, plus heureux, plus ingénieux, ou plus "plastique" que moi vous ne découvrirez pas, à un problème qui a, malgré les apparences, son importance, une solution acceptable ? Il faudra me le dire : c'est promis ?

Votre toute première impression, en pénétrant dans l'habitacle, ne sera probablement pas très, très différente – au vin blanc près, bien sûr – de celle du maquereau en boîte. Il ne faut pas s'y arrêter : oui, ça *peut* légèrement sentir la peinture ou l'huile, oui vous avez les pieds et le derrière mouillés, et les mains sales, oui, ce coquin de Neptune (associé à Eole pour la circonstance) tentera (et il faut le craindre réussira) à imprimer à votre capsule une bonne branlade, mais foin de ces prémices : c'est la suite qui compte, et je vous la garantis euphorique.

Ah, il reste, avant de rejoindre la paix des profondeurs, une formalité à remplir : la mise en place et le serrage des seize boulons de la porte. J'ai dit plus haut, parce que c'est vrai, que ce n'est pas un travail plaisant, quoique la clef tubulaire à cliquet soit un bien ingénieux petit objet. Je n'entre pas dans les détails techniques mais, quand même, gare au dessus des doigts quand la clef, mal enfoncée, dérapera sur un boulon récalcitrant.

La parole, maintenant, ou plus exactement la prestidigitation est au pilote, qui va obliger le monstre, en le gorgeant d'eau de mer (le sas faisant water-ballast) et au besoin par d'autres stratagèmes, à amorcer la plongée.

Chapitre des communications : vous disposez, dans l'ordre chronologique (et vice versa au retour), d'abord du téléphone avec le pont (que les hommes de l'extérieur ne quitteront qu'au dernier moment), ensuite de la téléphonie sans fil avec le bâtiment accompagnateur, jusqu'au moment où l'antenne aura disparu à son tour sous l'eau, enfin des ultra-sons, seul lien unissant, en plongée, le bathyscaphe à son escorteur de surface.

Au centre de la sphère, un homme de taille moyenne peut se tenir debout : possibilité très appréciable par conséquent de se dérouiller, de se déverrouiller les jambes après les longues contractures des heures de service.

Ce que l'on y fait, dans la boîte, une fois en route pour le pays enchanté des sirènes et des monstres marins ? A peu près ceci en gros :

1. le pilote pilote ;
2. l'observateur observe.

Dans le détail c'est, évidemment, moins schématique, car il y a le jeu des largages de lest, nécessaires pour ralentir la descente que la diminution de volume de l'essence tendrait au contraire à accélérer, les analyses d'air (ne laissons pas le gaz carbonique dépasser un certain taux), la surveillance des multiples cadrans, la tenue du journal de bord ("lâcher de grenaille, tant de secondes = tant de kilos", etc.).

Et aussi le spectacle externe : la nuit ("Tiens, déjà ?"), les feux d'artifice ("Oh, la belle bleue !"), les commentaires sur la température, qui ne tardera pas à se rafraîchir et parfois quelque dialogue plus séculier ("Une pastille de menthe ? – Vous n'auriez pas un crayon ? J'ai perdu le mien. – Ce suintement au bord du hublot ? Simple condensation intérieure, naturellement ! – Zut, j'ai oublié l'heure de la vacation... Tant pis, on tâchera de les avoir à la prochaine. – Vous n'avez pas trop froid ?").

Le sondeur, maintenant, est en route et pose sur la bande de papier gradué, à chaque pulsation de l'appareil, une petite trace qui peu à peu gagne vers la droite : l'atterrissage approche, cent mètres... cinquante mètres... vingt mètres... dix mètres... Regardez par le hublot et donnez un coup de projecteur : apercevez-vous, vers le bas, une lueur laiteuse, la lumière réfléchie sur le fond ? Maintenant vous distinguez le sol lui-même, les accidents de sa surface, peut-être quelque étoile de mer ou quelque poisson. Et, sans même vous en rendre compte, vous vous découvrez soudain posé, assis sur le fond, dans une cabine plus immobile encore, s'il est possible, qu'au cours de la descente.

Le hublot est unique mais il y a deux paires d'yeux à rassasier. De temps à autre votre compagnon voudra, lui aussi, regarder par la portière : il y a largement la place pour un chassé-croisé intérieur, mais prenez garde à ce contre quoi vous allez vous appuyer : surtout sur tribord, c'est plein de petits machins fragiles ; il y en a aussi sur bâbord, mais moins.

Et attention aux broches qui terminent le fil des flashes électroniques et qui, débranchées de votre appareil, vont se promener un peu partout, avec la certitude, chaque fois qu'elles toucheront le métal de la cabine, de déclencher un fulgurant mais inutile éclair.

Au bout de quelques heures de séjour sous-marin et d'abyssale fraîcheur, vous vous souviendrez qu'il y a dans votre serviette un thermos de café bouillant et quelques solides sandwiches. Votre coéquipier ne fera aucune objection à une réconfortante collation.

Mais si vous êtes réellement très consciencieux et soucieux de ne rien manquer de ce qui se passe au-dehors, vous attendrez le trajet de retour, "héliopète" disaient les bathyscaphiers grecs, et la fin de la période active de l'exploration pour attaquer le pain au jambon ou la pomme reinette.

Inutile d'ajouter que vous ne vous ennuierez jamais en plongée et qu'il n'est pas besoin de prévoir de distractions supplémentaires. Tout de même, on ne sait pas ce qui peut arriver, on peut se voir immobilisé en surface, ou coincé dans la sphère si par malheur le sas refusait de se vider. Soyons prévoyants, ce n'est pas faire injure à notre prodigieux engin, et glissons dans nos bagages quelque substantiel volume (de petit format) et un jeu de dominos (modèle de voyage).

Dans le fond vous aurez à observer attentivement le paysage et à signaler les animaux aperçus. Grâce au jeu combiné du guiderope, du lest, du refroidissement de l'essence et des moteurs, la manœuvre est possible : vous pouvez décoller, vous déplacer, vous re-poser et par conséquent explorer à loisir un petit coin inédit de la planète.

Mais au bout de quatre, cinq, six heures, il faudra songer à quitter ces lieux sinon enchanteurs du moins d'un bien singulier et fascinant intérêt. Une plongée prend environ une journée. Vous aurez beau commencer de bonne heure, il sera probablement environ neuf ou dix heures quand vous quitterez la surface et d'autre part, il faut absolument être de retour avant la nuit (recherche du bathyscaphe émergé, manœuvres diverses, remise en place de la remorque, etc.), et par conséquent faire surface au plus tard deux heures avant le coucher du soleil.

Dès l'arrivée en haut, vous allez avoir à refaire, en sens inverse, les manœuvres du départ, chasser au sas pour en expulser l'eau, déboulonner la porte, la décoller (ce qui ne sera pas toujours très facile, car elle est lourde et fortement appliquée contre son logement), ouvrir la porte supérieure du sas ; et, bien entendu, tenter de reprendre contact en phonie avec le bâtiment d'accompagnement.

Ne craignez rien, ce dernier est aux aguets, regarde de tous ses yeux, écoute de toutes ses oreilles : vous ne tarderez pas à le voir se diriger sur vous pour vous délivrer, peut-être même l'équipe de manœuvre se trouvera-t-elle sur le pont avant même que vous n'émergiez, comme la Vérité, mais plus vêtu, de votre puits. Je vous le souhaite : le séjour en bathyscaphe n'est plaisant qu'en profondeur ; dans la houle il manque, décidément, de charme. C'est un stade à abréger le plus possible.

Vous n'avez rien oublié en bas ? Vous êtes sûr ? L'appareil ? Le carnet ? Votre étui à lunettes ? Bon ! Alors, sautez dans le premier dinghy qui regagne le remorqueur – je vous souhaite de n'être pas trop mouillé en chemin – et une fois à bord, changez d'habits et, si possible, prenez une douche (chaude).

Puis asseyez-vous modestement au carré et commencez à écrire des cartes postales aux copains : vous les mettrez à la boîte dès l'arrivée au port ; ils sauront après-demain que vous avez fait vos premières armes bathypélagiques, que vous êtes "enchantés de cette excellente journée" et que vous ne rêvez que d'une chose : recommencer.

De tout cœur, bonne chance.

IX

ET PUIS APRÈS ?

Aller chercher le progrès dans l'abîme même, et jeter dans l'inconnu sa vie comme engin de pêche, ceci dépasse la limite des bonnes volontés ordinaires et des dévouements candidats au prix Montyon... Eh bien, si cette perle ne veut pas qu'on la saisisse, qu'elle prenne garde à elle, voici le plongeur.

VICTOR HUGO à NADAR (1864).

"A cette demande posée il y a six mille ans, par l'Ecclésiaste, affirme M. Aronnax, professeur suppléant au Muséum d'histoire naturelle, en conclusion à son autobiographique *Vingt mille lieues sous les mers* : «Qui a jamais pu sonder les profondeurs de l'abîme ?», deux hommes entre tous les hommes ont le droit de répondre maintenant : le capitaine Nemo et moi."

L'erreur de Jules Verne, alias Aronnax, est vénielle : rien de surprenant à ce qu'un zoologiste ignore les Ecritures et confonde deux livres différents ; quant au fait, il a cessé d'être vrai : ils sont aujourd'hui, ceux qui sont descendus dans les noires entrailles de l'océan, une bonne demi-douzaine.

Avec le bathyscaphe, l'homme dispose dorénavant d'un instrument qui peut lui permettre d'atteindre les grandes profondeurs. Reste à en tirer le parti scientifique qu'on doit en attendre. La question se pose donc, immédiatement : quelles

Théodore Monod en 1947

Théodore Monod en 1990

recherches peut-on faire avec le bathyscaphe, quels sont les perfectionnements à apporter à ce dernier pour le mettre en mesure de remplir son rôle de laboratoire sous-marin ?

On peut, semble-t-il, classer sous trois rubriques principales les domaines d'exploitation de l'engin.

I. *L'observation visuelle, photo- ou cinématographique.*

Le bathyscaphe peut, d'abord, servir à voir, à observer, et à fixer le résultat de ces constatations soit sur le papier, soit sur la pellicule sensible. L'observation visuelle simple, directe n'exige aucun appareillage particulier, mais une attention soutenue, un entraînement aux conditions assez spéciales de l'étude des animaux à travers un hublot et en milieu obscur ou artificiellement éclairé, enfin des connaissances zoologiques. Beebe a pu tirer excellent parti de ses observations ; des techniciens peu familiers avec la faune marine seront moins bien préparés pour recueillir des notations utilisables.

Je dois ajouter d'ailleurs que, dans le *FNRS-3*, les possibilités d'observation visuelle sont limitées par la petitesse du hublot unique et sa situation, notoirement peu commode et qui exige du zoologiste d'inconfortables acrobaties nuisant certainement à la qualité de ses constatations.

Il faut avouer aussi que peu d'observations précises peuvent être faites en marche, au cours des trajets de descente ou de remontée. Il n'est pas douteux que l'excellent rendement biologique des descentes de Beebe en bathysphère est dû dans une large mesure aux possibilités d'immobilisation de la cabine, et, également d'ailleurs, au fait que l'observateur n'avait aucun souci de pilotage, peu ou pas d'appareils à surveiller, et dictait ses notes par téléphone.

Dans l'état actuel des choses, le bathyscaphe fera du travail plus original et plus efficace sur le fond qu'en pleine eau.

Par ailleurs, la photographie à travers le hublot est encore extrêmement difficile. Il sera d'ailleurs impossible d'obtenir des résultats satisfaisants tant que l'observateur ne sera pas en mesure de provoquer le déclenchement de l'appareil aussitôt l'objet intéressant, souvent rapide, entrevu. Actuellement, sitôt le poisson aperçu, il s'écoule avant le remplacement contre la vitre de l'œil par l'objectif un temps beaucoup trop long.

Il faut donc ou un second hublot ou, perfectionnement que pourra recevoir le bathyscaphe actuel, l'installation à l'extérieur d'un appareil télécommandé.

D'une façon générale, on devra tendre à une séparation fonctionnelle entre les deux activités du pilotage et de l'observation. Celles-ci ont chacune leurs exigences (par exemple, conditions d'éclairage intérieur), qui ne coïncident pas nécessairement dans le temps. Les bathyscaphes futurs auront donc soit des cabines plus vastes et à l'intérieur desquelles un cloisonnement intérieur deviendra facile, soit des cabines doubles, dans l'une desquelles s'enfermera le pilote et dans l'autre l'observateur.

A mon avis, les possibilités désormais offertes à l'exploration visuelle en divers domaines (biologie, sédiments, courants, etc.) justifieraient à elles seules l'existence et la plongée des bathyscaphes, à condition toutefois que ceux-ci ne se contentent pas de rapides aller et retour mais puissent procéder à des explorations méthodiques pendant de nombreuses heures consécutives. L'organisation d'une plongée de bathyscaphe est encore une opération suffisamment complexe et coûteuse pour qu'il soit nécessaire d'en tirer réellement tout le parti possible : il faut que le biologiste puisse maintenant non seulement aller au fond de la mer mais y séjourner.

II. *Captures et prélèvements.*

Il faut l'avouer, la simple observation visuelle demeure pour le zoologiste un pis-aller : celui-ci ne se contente pas de *voir*, il veut *avoir*. Ce serait pour lui un cruel supplice de Tantale que d'être condamné à regarder à travers une glace d'intéressantes espèces sans pouvoir les examiner de plus près. Il lui faudra donc des spécimens. L'océanographie traditionnelle n'envoie pas de biologistes à quatre mille mètres mais par contre elle y délègue des engins qui rapportent en surface des échantillons. Il va donc falloir imaginer, et construire, autour du bathyscaphe des appareils de capture. Les constructeurs du *FNRS-2* avaient prévu, par exemple, des harpons empoisonnés et automatiques (dont la ligne s'enroulait d'elle-même après la capture) et un amour de pelle à balayures à clapet, avec laquelle on eût pu, sur le fond, emprisonner oursins, Holothuries ou Pennatules. Si certains animaux nageurs paraissaient attirés par la lumière des phares ou par un appât, il faudra imaginer un dispositif capable de les retenir (aspiration, filet fermant, immobilisation électrique, etc.). Et quand les bathyscaphes pourront circuler librement sur le sol sous-marin et évoluer avec une précision de manœuvre suffisante, en disposant de systèmes préhensiles, on pourra songer à la mise en place et au relevage de nasses, à la manœuvre de dragues opérant non plus à l'aveuglette mais sur un objectif déterminé, etc.

Il n'est pas jusqu'au “carottage” des sédiments abyssaux qui ne puisse se voir intéressé par le perfectionnement des bathyscaphes.

Il y a donc pour l'ingénieur désireux de seconder le biologique un champ d'activité considérable et je suis convaincu qu'il existera un jour, et peut-être plus vite qu'on ne le pense, des bathyscaphes fonctionnellement différenciés : bathyscaphes océanographiques, bathyscaphes de plaisance et, on doit le craindre, bathyscaphes de guerre.

III. *Mesures.*

Il reste à faire, sous la mer, ce qu'on a fait au-dessus et jusque sur les montagnes. *Mutatis mutandis*, naturellement, le vent devenant courant, etc. La physico-chimie de l'eau de mer bénéficiera peut-être moins que d'autres disciplines de l'apparition d'engins d'exploration abyssale directe, encore que l'établissement de courbes bathythermométriques, par exemple, soit d'ores et déjà possible et d'un grand intérêt si la précision des chiffres obtenus s'avère acceptable.

Par contre, des mesures gravimétriques, d'autres dans la zone inférieure à l'épaisseur d'eau traversée par des rayons cosmiques, ou touchant la radioactivité des sédiments seront certainement tôt ou tard entreprises. La spectroscopie interviendra sans doute, soit pour l'étude de la pénétration de la lumière solaire dans l'eau, soit pour celle des luminescences animales.

D'autres formes d'utilisation scientifique des bathyscaphes apparaîtront à l'usage mais il peut être d'ores et déjà tenu pour certain que ces engins, loin de représenter, comme des esprits chagrins et sceptiques croient pouvoir déjà le proclamer, d'inutiles jouets bons tout au plus à permettre de vains exploits sportifs, constitueront au contraire pour l'étude des couches profondes des océans d'incomparables outils.

Outils coûteux ? Bien sûr, mais beaucoup moins que ce que des pays prétendus "civilisés" dépensent, en une seule demi-journée, pour la guerre.

Le bathyscaphe n'est désormais qu'un numéro de plus dans la liste des "grandes découvertes", la fronde, la poterie, le verre, le papier, la poudre à canon, la boussole, la machine à vapeur,

l'automobile, l'avion et la bombe atomique. Nous, il nous épate tout de même encore un peu, parce qu'il n'y a pas si longtemps qu'on peut aller se promener à quatre kilomètres sous la mer. Mais nos petits-enfants ? Déjà blasés ! Un bathyscaphe ne leur fera pas plus baisser les yeux qu'un avion ne nous les fait lever. On entendra seulement : “Moi, je prends le bathys de dix heures trente, oui, le direct, bien sûr, le service de luxe, le *Poisson d'Or*, et toi ?” – “Oh ! moi, j'ai un A-R sur les Transports rapides abyssaux, ligne 310, convocation à la bathygare à onze heures trois.” – “Alors, à tout à l'heure !...”

Et puis : "Zut ! Encore un week-end en bathyscaphe... Ça commence à devenir embêtant... Dis, papa, si on allait se promener à bicyclette, dimanche prochain ?..."

Mais oui, mais oui... Ça viendra. Ça viendra même très vite. Trop vite peut-être. En tous les cas, je vois déjà, polychrome et tentateur, avec sa provocante typographie et son chromo (une bathy-pin up, cuisses au vent ou, du moins, au courant), le prospectus de l'entrepreneur des futures excursions. Il est en anglais, ce n'est pas ma faute, mais ça commencera en Amérique.

Ça vous fait rire ? Pensez-vous qu'il y ait *vraiment* de quoi ?

En mai 1948 – l'année du *FNRS-2* – paraissait un fascicule du *Science Digest*, comme tous les mois de toutes les années d'ailleurs, mais ce qui rend ce numéro très mémorable c'est qu'il m'est tombé entre les mains.

Premier article, intitulé : *"Money-Mad Monkeys"*... On a tenté, et, hélas, réussi à enseigner à des chimpanzés l'usage et le goût de l'argent ! Pauvres bêtes : elles ne méritaient pas ça. Leur apprendra-t-on demain, pour en faire de vrais petits hommes, à s'enivrer, à lire *Gaule-Dimanche* et à couvrir les murs du métro de chastes graffiti ?

Plus loin : *"At last ! canned water."* ("Enfin, de l'eau en boîte.") Ce doit être très hygiénique, mais, tout de même, ça ferait bien rire les Touaregs...

Encore une belle invention : U.S. patent 2.435.044. Il s'agit d'un dispositif empêchant les clients de s'éterniser à table, au restaurant, quand d'autres candidats attendent leur tour. Très simple : un tapis roulant garni de sièges et de tables. Vous vous asseyez. On pose devant vous le premier plat, qu'il faut avoir ingurgité avant d'arriver à la deuxième serveuse qui vous inflige le plat suivant. Et ainsi de suite. Au bout du trajet, vous avez fini votre repas, mais on ne nous dit pas si le client est "débarqué" par basculage de son siège, ou autrement.

Les découvertes se multiplient : M. Robert Brown, président des Coffette Products Inc., Brooklyn fait, avec du café… des shampooings et des cosmétiques, pendant que la Chicago Dental Society vient enfin – comme on attendait avec impatience depuis tant de siècles cette merveille ! – de mettre au point un dispositif permettant de grincer des dents en dormant sans faire de bruit et, par conséquent, sans déranger son épouse.

Enfin, la quatrième page de la couverture est tout entière occupée par : *"Learn while you sleep."* ("Apprenez en dormant.") Le "dormiphone" ou "somnophone" vous permettra, au moyen d'un gramophone, d'une horloge électrique et d'un haut-parleur placé sous l'oreiller, de mémoriser en dormant la table des logarithmes, la liste des sous-préfectures ou le code de la route.

Tout ceci est réellement très ingénieux, mais comment ne pas songer une fois de plus à la parole de Thoreau : "Des moyens perfectionnés appliqués à des fins qui ne le sont pas" ? Et au *Brave New World* d'Aldous Huxley, au beau pays où l'on naîtra dans un bocal et où la termitière humaine, ayant désappris jusqu'aux noms de Çakyamuni, Esaïe, Shakespeare et Pascal, connaîtra enfin une société parfaite, harmonieusement castée, libre de se ruer sans contraintes et sans remords aux plus honteux esclavages ?

La question n'est donc pas absurde, et d'ailleurs beaucoup d'entre vous se la posent : à quoi bon ? A quoi bon le bathyscaphe ? A quoi bon cette fièvre de connaître, de découvrir, d'expliquer ? Est-ce seulement, ces "machins-là", utile, au sens ordinaire du mot, c'est-à-dire pratiquement utile ?

Je pourrais m'efforcer de prouver – et peut-être bien y réussir – que l'homme trouvera toutes sortes d'avantages pratiques à l'exploration des fonds océaniques, qu'il prendra plus de sardines, que le prix de la boîte de thon baissera, que l'on songe très sérieusement à l'exploitation minière

JOHN G. LASALLE-GULL AND C° LIMITED

—

ABYSSAL TRIPS IN LASALLE-GULL'S PAT.
SUB-MARINE PRESSURE-PROOF CARS

HEAR THE CALL OF THE DEEP
AN EXCITING EXPERIENCE
— MARVELS OF THE SEA —

NEPTUNE'S PALACE
SEA HORSES — CORAL-TREES — SEA FLOWERS
THE GIANT OCTOPUS
THE MERMAIDS' BALLET
FLOOR-SHOW :

THE TWELVE GYMNOSOMA SISTERS
IN THEIR BRAND-NEW SKETCH
« LOVE UNDER WATER »

—

LIGHT REFRESHMENTS AT THE
GLAUKOS SNACK-BAR
(MODERATE TERMS)

—

BE A MAN !
GET A THRILL !

ADMISSION : $ 2.00
BOOK TO-DAY

WEEK DAYS : 2 P.M.
SUNDAYS : 10 A.M. and 3 P.M.

sous-marine, et que le jour peut venir où l'on verra un berger scaphandrier conduire au pâturage un docile troupeau de liches, de pagres ou de bonites…

On affirme même qu'une grande puissance posséderait déjà, belle merveille, un service d'océanographie militaire… Comme on le constate, tous les espoirs sont permis, y compris celui de voir une pacifique invention nouvelle immédiatement annexée par le dieu de la guerre et de la destruction, bien décidé à rendre homicide l'objet le plus inoffensif.

Je pourrais donc prophétiser au bathyscaphe un grand avenir dans toute une série de secteurs particulièrement importants de l'activité humaine.

Je préfère, toutefois, avouer que sans méconnaître, certes, l'utilité – que je serais professionnellement mal venu à discuter – des pêches maritimes, notre connaissance des grands fonds et de leur faune est encore, semble-t-il, nécessaire pour trois raisons, à mon sens capitales, et que résumeront les mots de : politesse, concupiscence, prévoyance.

Politesse, d'abord : locataires arrivés d'hier dans un appartement gracieusement prêté, ne serait-il pas de notre part malgracieux vis-à-vis du propriétaire de nous terrer – au vrai sens du mot – dans un tout petit coin des locaux mis à notre disposition, sans tenter au moins de visiter tout l'immeuble, cave, puisqu'il en a une, comprise, et même si elle est un peu inondée ?

Et puis, concupiscence : car les papillons, les oiseaux, les chrysanthèmes et les punaises, c'est évidemment très curieux, très louable et très pittoresque. Mais avouez qu'à l'usage c'est un peu lassant. Il doit y avoir autre chose, de différent, sans pollen, sans plumes, sans feuilles : le pétunia et la piéride du chou à longueur de siècle, ça devient vraiment monotone. Et puisqu'il existe un monde inconnu, un bienheureux séjour sans papillons, sans oiseaux, etc., il vaut la peine, grandement, d'aller voir.

Enfin, prévoyance. L'un des hommes qui a pensé l'histoire de la terre avec le plus de pénétration et de poésie croit à un océan primordial, à une Panthalassè antérieure à toute terre ferme. Mais il croit aussi que cette terre ferme, si solide et si stable qu'elle puisse paraître à notre optique de pucerons éphémères, n'est elle-même qu'une courte parenthèse et, tendant inlassablement à découvrir une position d'équilibre, est destinée à s'endormir un jour d'un sommeil peut-être définitif sous le manteau d'un océan désormais sans rivage.

Quoique les "milieux bien informés" donnent cette éventualité pour probablement lointaine, n'est-il pas sage, en prévision d'un tel avenir, de se livrer dès aujourd'hui à des explorations qui, loin de constituer, comme elles peuvent à certains le paraître, de vaines acrobaties, seraient au contraire, un peu en avance sur l'horaire sans doute mais en toute rigueur, des exercices de sauvetage ?

*

Mais c'est à un humoriste-philosophe, M. Pierre Clapin, que je veux emprunter le thème de ces réflexions finales. Dans un délicieux article intitulé "Appel aux retardataires" paru dans le *Bulletin officiel du Club alpin sous-marin*, n° 6, 1952, M. Clapin nous fait part des graves et savoureuses méditations qu'ont provoquées en lui ses premières expériences de plongées scaphandrières et la découverte de "sensations que nous avons perdues de vue depuis le Dévonien supérieur".

La vie aérienne, laborieusement conquise par de lointains ancêtres qui avaient cru devoir renoncer aux branchies et adopter les poumons, a ses avantages, et même, concédera M. Clapin, "ses plaisirs". Mais de quel prix va-t-il falloir payer une acquisition en apparence héroïque, spectaculaire et bénéfique ? On le sait, encore que personne n'y songe : un combat de tous les instants contre la pesanteur. La terre est vraiment le pays où l'on tombe, où à la moindre inattention, pour un rien, un trottoir, une peau de banane, une pierre qui roule, un câble qui cède, on se casse la figure : "Nous passons notre existence à lutter contre notre pesanteur, depuis la première chute du bébé, jusqu'à la canne du grand-père."

Pour sortir de l'eau et envahir le domaine aérien il a fallu s'alléger. Ou tout au moins essayer, car M. Clapin nous fait toucher du doigt le résultat dérisoire d'un si long effort. Une ceinture plombée de quatre kilos me met en parfait équilibre dans l'eau : "Donc au bout d'une évolution de près d'un million de siècles, voilà ce que j'ai gagné : quatre kilos. Cela ne peut pas continuer ainsi, c'est trop long."

M. Clapin invite donc l'humanité à se révolter contre un bilan aussi scandaleux et un rendement aussi misérable, à "prendre l'affaire en main". Mais il faut faire vite : "Il y a des décisions à prendre. C'est urgent."

Allez, nous dit l'apôtre de ce "pèlerinage aux sources" nouvelle manière, allez-y voir, et pas seulement à cause des économies de mobilier que peut procurer un monde où l'on peut s'allonger sans lit et s'asseoir sans fauteuil, allez goûter cette "aisance morale", ce "bonheur bizarre", ce "sentiment de retrouver une patrie ancestrale" ; allez vous faire une opinion personnelle sur "le bénéfice de cent millions d'années d'évolution".

Ensuite, songeant qu'il est temps encore de changer d'avis et qu'avec quatre kilos *seulement* d'adaptation à la vie aérienne "tout peut encore être remis en question", choisissez, enfin, votre destin et celui de votre race en homme affranchi des contraintes d'un progrès fatal, en homme désormais pleinement conscient de ses responsabilités comme de ses virtualités infinies : ou les honteux esclavages de la vie aérienne ou les merveilleuses et euphoriques libertés d'un paradis aquatique.

Un paradis qui est, d'ailleurs, *aussi* un berceau : éternel retour...

Qui s'enrôle, à l'appel de la voix prophétique de M. Clapin, dans l'armée des Hommes nouveaux – "Hydropètes", "Thalassicoles", "Bathyphiles", je m'en fiche, appelez-les comme vous voudrez – mais aux cris vainqueurs de : "A bas le poumon !" et : "Vive la branchie !"

*

L'aventure aérienne a, peut-être, sa grandeur, elle a certainement ses joies : qui me rendra, sous la mer, l'incomparable beauté du feu de bois d'acacia, tordant dans la nuit saharienne la chevelure ardente de ses flammes ? Mais a-t-elle *réussi* ? A-t-elle porté bonheur aux groupes qui lui ont confié leur destin ? Où sont les Dinosauriens qui, s'ils avaient eu des cuistres et des journalistes, pouvaient se proclamer les rois de la création ? Pourquoi la grande époque des Mammifères paraît-elle passée ? Et qui nous assure que notre race orgueilleuse – malgré ses mécaniques, ou à cause de ses mécaniques – n'est pas, à son tour, condamnée et ne se verra pas un jour relayée par une autre famille animale ? Est-il insensé de porter les regards autour de soi pour tenter de distinguer l'éventuel concurrent, rival possible de demain ? Si le diplodocus n'avait eu la moelle lombaire si volumineuse par rapport au cerveau, en bon français s'il n'avait été plus malin du derrière que de la tête, peut-être aurait-il aperçu, à ses pieds, tapi dans l'herbe, le petit grand-papa des Mammifères : naturellement, ça n'aurait servi à rien, comme d'habitude, et le monstre eût bien ri si on lui avait dit que cette espèce de faux lapin mâtiné de musaraigne allait assister à l'agonie des géants et supplanter partout ces derniers : “Non mais... vous plaisantez ?... Elle est bien bonne...”

N'imitons pas l'iguanodon, et ne rions pas ; cherchons plutôt, c'est tout de même intéressant... Les Insectes ? Oui, sans doute, très réussis, excellent fonctionnement, de prodigieuses petites machines, mais, à mon avis, ce ne sont pas encore ces gens-là qui vont nous supplanter. Pour avoir tenu à avoir leur squelette à l'extérieur, les voilà prisonniers d'une armure rigide, enkystés dans leur boîte chitineuse comme un vulgaire passager de bathyscaphe dans sa sphère d'acier. Je n'ignore pas les avantages du vêtement articulé, mais je ne peux tout de même pas, pour ne point vexer les Cicindèles ni les cafards, en oublier les faiblesses : quand ils m'auront fait un scarabée de un mètre de long, ou seulement de 0 m 50, on en reparlera... Je les vois bloqués, moi, les Insectes, ces merveilleuses petites mécaniques de précision. Et les imagine tristes, oui, même les "joyeux" papillons, même les plus somptueux, dansant dans le soleil : croyez-vous que ce soit drôle de combattre – ou de danser – à l'arrière-garde ?

Les vers de terre, les escargots, les ténias ?... Non, aucun risque, et, comme dans les petites annonces de mariage, soit dit sans les désobliger : "Pas sérieux s'abstenir."

Alors ? Alors, commencez à trembler, car voici que dans l'ombre, à votre insu, bien entendu, la Relève s'organise, silencieuse encore et cachée, mais qui s'apprête au jour marqué par le Destin à effacer, à abolir le Mammifère de la surface du globe : comme ça, comme on essuie une souillure sur une table, un coup de torchon et il n'y paraît plus.

L'armée clandestine s'appelle les Céphalopodes et manœuvre déjà par divisions : celle des pieuvres et poulpes, celle des calmars, celle des seiches, et j'en passe. Je sais bien que pour la plupart d'entre nous, tout ce monde-là est tout juste bon à servir de prétexte à quelque absurde séquence sur l'écran ou à quelque savoureux ragoût dans l'assiette. Et les "milieux-généralement-bien-informés", si chers à nos radiodiffusions d'Etat, propagent les opinions les plus rassurantes : "Les Céphalopodes ?... Des Mollusques ?... Vous voulez rire ?..."

Rire, certes, je voudrais bien, du moins s'il y avait de quoi car l'optimisme officiel ne suffit pas à me rassurer. Des Mollusques ? Oui, mais des Mollusques qui ont atteint un très haut degré de perfectionnement organique, qui ont déjà du cartilage, presque un crâne, un système nerveux très concentré, des yeux d'une haute complication, des Mollusques dont le psychisme se révèle déjà particulièrement développé, non, vraiment, ça ne me fait plus rire du tout.

Et quand on me dit qu'on a mesuré un calmar, du genre *Architeuthis*, de dix-huit mètres de long, pesant environ trente tonnes et qu'on a vu deux bras séparés de quatorze mètres, ayant appartenu à un animal d'environ vingt-deux mètres, pesant quarante-deux tonnes, je vous assure que l'hilarité des Gens Sérieux me paraît singulièrement frivole, pour ne pas dire plus.

Je ne voudrais tout de même pas provoquer une inutile panique et prophétiser pour l'année prochaine une invasion de poulpes géants : les Céphalopodes sont encore des animaux aquatiques, respirant par des branchies. Cela nous donne le temps de souffler et pendant ce miséricordieux répit "d'appliquer notre cœur à la sagesse", comme dit l'Ecriture.

Mais le jour où il prendra au calmar de quarante-deux tonnes la fantaisie d'acquérir des poumons, naturels ou artificiels, pour une promenade aérienne, gare à l'*Homo sapiens*, représentants des "milieux-généralement-bien-informés" compris, bien entendu.

En attendant, si j'étais quelque chose au gouvernement, je mettrais des guetteurs sur les plages : un quart d'heure de gagné, le jour de l'Opération Calmar, ce peut être la vie sauve, tout simplement.

DIEU

POSTFACE

Simple remarque à l'usage de ceux qui hésiteraient à soupçonner l'ampleur du spectacle auquel ils sont conviés et l'importance de l'événement que constitue l'irruption des Primates dans les grands fonds.

Bousculant de ses questions-projectiles un pauvre Job qui n'en peut mais, le Seigneur, "du sein de la tempête", lui décochait à bout portant un : "Es-tu descendu jusqu'aux sources de la mer ? T'es-tu promené dans les profondeurs de l'océan ? As-tu vu le seuil du noir abîme ?" Sous-entendu, évidemment : "Non ? Alors, silence dans le rang !"

En l'an de grâce 1954, et pour la toute première fois depuis l'origine du monde, l'Homme, à la terrible question de l'Interrogateur, peut enfin répondre : "Oui."

Souhaitons seulement qu'il sache le faire sans orgueil.

NOTE

FNRS signifie : Fonds national de la recherche scientifique (belge).

Le *FNRS-1* était un ballon stratosphérique : d'où, pour les bathyscaphes les noms de *FNRS-2* et *FNRS-3*.

TABLE

CRÉDIT PHOTOGRAPHIQUE

p. 58 © H. Ghysels (reproduction : Jean-Marc Durou)
p. 73 © Cl. Francis-Bœuf
p. 74 © Cl. Francis-Bœuf
p. 168 Théodore Monod en 1947
© Tous droits réservés (reproduction : Jean-Marc Durou)
Théodore Monod en 1990 © Jean-Marc Durou
p. 183 © Jean-Marc Durou
4e de couverture © Jean-Marc Durou

TERRES D'AVENTURE

Le voyage à pied

140 chemins semés de paysages et de rencontres inoubliables

EXTRAIT DU CATALOGUE VOYAGES

Sahara algérien

Tagrera el-Ghessour

Trekking dans le Hoggar

La Tadrart

Oasis et canyons du Tassili N'Ajjers

Le grand erg occidental

Le massif de la Gourara

Yémen

Rencontre avec

des montagnards remarquables

Oman

Montagnes et déserts

Jordanie

La Voie royale

Egypte

Villages nubiens, oasis de Kharga

Randonnée biblique dans le Sinaï

Haute-Egypte

Maroc

Traversée du djebel Sarho

Randonnée dans le massif du Siroua

Traversée intégrale du Haut-Atlas

Tanzanie

Ascension du Kilimandjaro

Kenya

N'dotos mountains et lac Turkana

Zaïre

Les Montagnes de la Lune

Ethiopie

Mystères et montagnes d'Abyssinie

Namibie

Erg du Namib et haut plateau du Damaraland

Ile de la Réunion
Du Piton des Neiges à l'île Maurice

Turquie
Montagne du Taurus et Kackar
Randonnée en Cappadoce

Pérou
Le Chemin des fils du soleil
Pèlerinage de Qoyllur Iti
Empire inca

Népal
Népal Mandala
Dolpo
Jannu et Kanchenjunga
Gorepani : entre les Annapurnas
et le Dhaulagiri
Camp de base de l'Everest

Inde
Traversée du Sham et fêtes ladakhies
Grande traversée du Zanskar
Vallée de la Marka

Tibet
Du Tsangpo au Namtso
La Voie royale
Amnye-Machen

Viêt-nam
Au pays du dragon

Rajasthan
Montagnes des Maharadjas

Indonésie
Des torajas aux varans de Komodo
Sibeirut : l'île des hommes fleurs